MÉTALLURGIE

PRATIQUE

OU EXPOSITION DÉTAILLÉE

DES

DIVERS PROCÉDÉS EMPLOYÉS POUR OBTENIR

DES

MÉTAUX UTILES

PRÉCÉDÉ

DE L'ESSAI ET DE LA PRÉPARATION

DES MINERAIS

Par D. L.

Avec 8 planches comprenant plus de 100 figures.

PARIS

LIBRAIRIE SCIENTIFIQUE, INDUSTRIELLE ET AGRICOLE,

Eugène LACROIX, Imprimeur-Éditeur,

Libraire spécial de la Marine, et de plusieurs Sociétés savantes,

54, RUE DES SAINTS-PÈRES, 54

MÉTALLURGIE

PRATIQUE

Paris. — Imprimerie et librairie de E. Lacroix, rue des Saints-Pères, 54.

MÉTALLURGIE

PRATIQUE

OU EXPOSITION DÉTAILLÉE

DES

DIVERS PROCÉDÉS EMPLOYÉS POUR OBTENIR

DES

MÉTAUX UTILES

PRÉCÉDÉ

DE L'ESSAI ET DE LA PRÉPARATION

DES MINERAIS

Par D. L.

Avec 8 planches comprenant plus de 100 figures.

PARIS

LIBRAIRIE SCIENTIFIQUE, INDUSTRIELLE ET AGRICOLE
Eugène LACROIX, Imprimeur-Éditeur
Du Bulletin officiel de la Marine, et de plusieurs Sociétés savantes
54, RUE DES SAINTS-PÈRES, 54

PRÉFACE

En entreprenant la tâche de réunir
dans un seul volume les divers procédés
employés pour obtenir les métaux utiles,
nous n'avons pas eu l'intention de faire
un traité ex-professo; encore moins celle
d'abuser le public à cet égard, en cher-
chant à lui faire croire que nous lui
donnions le résultat de nos propres
observations : la vie entière d'un homme
suffirait à peine aux voyages longs et dis-
pendieux, aux nombreuses recherches
que nécessiterait la rédaction d'un traité
exécuté sur le plan. L'expérience que
nous avons pu acquérir soit en travaillant
dans quelques usines, soit en visitant des

établissements de ce genre, ou par la fréquentation des propriétaires ou directeurs, nous a été sans contredit d'une grande utilité, mais principalement pour nous diriger dans le choix des matériaux. C'est dans les ouvrages de MM. Brongniart, Héron de Villefossé, Guényveau, Karsten Guettier, Flachat; c'est dans les excellents mémoires publiés dans les *Annales des Mines*, par MM. Berthier, Elie de Beaumont, Dufresnoy, Manès, et dans les *Annales du Génie civil*, etc., que nous avons trouvé la plupart des procédés et des machines que nous décrivons dans ce traité. Notre travail s'est à peu près borné à comparer, extraire, mettre en ordre les nombreux matériaux qui étaient à notre disposition. C'était un devoir pour nous de reconnaître, de proclamer cette vérité, ainsi que les noms des savants dont nous nous étions approprié les recherches. Nous serons assez heureux si, en rassemblant dans un seul volume les notions éparses sur un art aussi important, nous avons été de quelque utilité aux propriétaires d'usines, aux chefs d'ateliers, ou aux jeunes gens qui se livrent à l'étude de la Métallurgie.

INTRODUCTION

Ce Traité de métallurgie est destiné, comme tous les ouvrages élémentaires. à réunir un corps d'instruction propre à guider les personnes qui font des applications journalières de cette science.

Afin que ce petit ouvrage puisse répondre à son titre, nous avons eu soin de prendre les procédés les plus connus qui se trouvent disséminés dans les ouvrages périodiques et particuliers qui ont été publiés par un grand nombre de savants distingués.

Nous nous occuperons des métaux utiles proprement dits, et nullement de leurs composés qui sont employés dans les arts et qui sont du domaine de la minéralogie ; nous passerons rapidement sur le fer, et nous n'indiquerons que quelques-uns des procédés employés pour son traitement, attendu que l'on publiera sur ce métal et ses procédés d'exploitation un traité particulier (1).

Ayant présumé que les mots techniques, qui sont propres à l'art, pourraient n'être pas familiers à tous les lecteurs, nous avons placé au commencement de l'ouvrage une terminologie, ou explication des termes reçus en métallurgie.

Quelque détaillé que soit un ouvrage, il est difficile pour quelques objets d'employer des descriptions seules, et dans ce cas, nous avons eu soin de donner des dessins.

Ce recueil à dû être divisé en plusieurs parties ; la première traitera de l'essai des minerais, et la deuxième sera divisée en deux sections, dont la première comprendra la préparation des minerais, et la seconde leur traitement métallurgique.

(1) Voir FAIRBAIRN, Guide pratique de la *Métallurgie en fer*, 1 vol. gr. in-18 jésus. Paris. E. LACROIX. Prix: 6 fr.

Définition et aperçu de l'histoire de la métallurgie.

La métallurgie proprement dite est l'art de purifier les minerais et d'en obtenir les métaux au degré de pureté qu'exigent les différents arts. L'on a souvent étendu l'acception de ce nom à toutes les opérations qui se pratiquent en grand sur les minerais pour en retirer des combustibles, des sels, etc. ; mais comme nous l'avons déjà observé, ces opérations appartiennent à la minéralogie. La métallurgie est une des applications les plus importantes de la chimie ; c'est de la docimasie en grand ; mais il y a cette différence notable que dans la docimasie on ne s'attache qu'à bien connaître la quantité de métal et les corps étrangers qui constituent le minerai sans s'embarrasser des frais d'opération, qui, en général, sont peu considérables à cause de la petite portion de matière soumise à l'analyse ; tandis qu'en métallurgie on a en vue de connaître et de retirer le métal,

et surtout d'opérer avec le plus d'économie possible.

L'origine de la métallurgie remonte à
la plus haute antiquité; elle est diversement rapportée dans les traditions des
anciens peuples, et presque dans toutes
elle est obscurcie par des fictions et des
fables : on en nomme pour inventeur
tantôt Prométhée et tantôt Vulcain;
mais le témoignage le plus authentique
est celui de Moïse, qui indique Tubalcain
comme le premier forgeur d'instruments
de fer et d'airain, d'où l'on voit que
dès les premiers temps connus on savait
travailler deux métaux des plus difficiles.

Longtemps après, et lorsque le peuple
hébreu était répandu dans le désert,
l'Écriture sainte rapporte qu'Aaron fit
couler une idole en or que Moïse fit dissoudre dans un liquide que l'on présume
alcalin. C'était aux Egyptiens que ce
peuple devait sans doute ses connaissances métallurgiques; mais ce qui est
certain, et ce qui paraît bien postérieur ;
c'est ce que rapporte Diodore sur le tra_

vail des mines d'or de la Haute-Egypte.

Les Phéniciens, les Grecs, les Romains, etc., ont travaillé plusieurs métaux, et en ont fait un commerce assez étendu; mais ce que les historiens rapportent sur leurs procédés employés pour les extraire est plein de confusion.

Toutes les mines exploitées, tous les ateliers métallurgiques se trouvaient alors à l'occident de l'Asie et au midi de l'Europe. Si nous suivons l'histoire de cet art dans le moyen âge, nous verrons successivement découvrir les trésors minéraux de la Germanie et des régions du Nord; nous trouverons le travail des mines naturalisé en Scandinavie depuis les premiers siècles de l'ère vulgaire; nous verrons que les mines du Hartz furent découvertes en 970, celles de la Suède dans le douzième siècle, et celles de la Norwège et d'une partie de la Belgique vers la fin du treizième.

A dater d'un siècle et demi après, la métallurgie prit rang parmi les sciences. Ce fut George Agricola, né en 1494 à

Glaucha, qui tout en pratiquant la médecine à Schemnitz et à Joachimsthal, endroits remarquables par leurs mines métalliques, entreprit de tirer la métallurgie de la confusion où l'avaient laissée les Romains, les Grecs et les Arabes; il publia une dizaine d'ouvrages à ce sujet. Son Traité *De re metallicâ* a été longtemps regardé comme la clef de cette science; ensuite Beccher, dans sa *Physicâ subterraneâ*, répandit un grand jour sur les métaux. Stahl, surtout, porta dans cet art toutes ses connaissances chimiques, et expliqua les phénomènes qui ont lieu dans différentes préparations.

Parmi les savants qui publièrent ensuite des ouvrages ou des mémoires importants sur la métallurgie, on doit citer Orschall, Swedembourg, Schlutter, de Born, Cramer, Gellert, Margraaf, Réaumur, Courtivron, Bergman, Duhamel, et enfin Jars, qui fit connaître à la France les secrets de l'étranger.

Dans ces derniers temps, les ouvrages de Monge et de MM. Lampadius, Chaptal,

Brongniart, Karsten, Hassenfratz, Héron de Villefosse, Beudant, Berthier, Guenyveau, Guettier, Flachat, Percy, Rivot, etc., ont amené de grandes améliorations dans les procédés, et sous le rapport de l'explication de leurs théories ont fait de cet art une science tout-à-fait moderne.

Enfin, les mémoires et notes, etc., insérés dans les ouvrages périodiques qui se multiplient de jour en jour en France, en Allemagne et en Angleterre, ont contribué pour beaucoup à répandre les connaissances de cet art, et à perfectionner les procédés employés.

MÉTALLURGIE

DICTIONNAIRE

DES

MOTS TECHNIQUES EMPLOYÉS EN MÉTALLURGIE

A

ADHÉSION, ou *Cohésion*. C'est la force qui lie les mollécules des corps. L'action mécanique et les différentes températures détruisent l'adhésion.

AFFINAGE. Purification en grand des métaux ; c'est ordinairement la dernière opération que l'on fait subir à la fonte.

AIRE, ou *Sole*. Surface plane ou courbe du laboratoire des fourneaux. L'aire est horizontale ou inclinée ; elle sert à placer les matières à échauffer ou à fondre ; elle est ordinairement formée de sable réfractaire ou de brasque.

ALLIAGE. Union de plusieurs métaux, d'où résultent des composés dont les propriétés sont différentes de celles des métaux qui ont servi à les former.

ALLONGE. Tuyau conique, renflé ordinairement dans le milieu de sa longueur, que l'on ajoute aux becs de cornue ou d'alambic pour éloigner les récipients du feu.

AMALGAME. Alliage du mercure avec d'autres métaux ; ainsi, en parlant de l'alliage du mercure et du plomb ou de l'étain, on dira amalgame de plomb ou d'étain.

AMALGAMATION. Opération assez compliquée, qui consiste à s'emparer de l'or et de l'argent contenus dans les minerais au moyen du mercure ; on se sert souvent pour cette opération d'un appareil particulier. (*Voyez* art. ARGENT, etc.)

AUTEL, ou *Pont*. Petit mur élevé de quelques centimètres, qui sépare dans quelques fourneaux la chauffe du laboratoire ; il sert d'un côté à empêcher que rien ne tombe dans la chauffe, et de l'autre à former un obstacle à ce que l'air, qui pourrait être demeuré froid après avoir traversé la grille, ne touche trop promptement les matières à chauffer.

B

BANCS DE TRIAGE. Ce sont des espèces de banquettes élevées, divisées en cases, garnies dans leur fond d'une plaque de fer de fonte. Ces bancs sont destinés à recevoir les différents minerais, selon leurs différents degrés de richesse.

BASSIN. Vase dont la forme est variable, et qui sert, dans plusieurs opérations de métallurgie, de récipient aux matières fondues.

Bassin d'avant-foyer ou de réception. Creuset dans lequel se rassemblent les matières fondues dans les fourneaux courbes ou à manche. Ce creuset se trouve en avant du corps du fourneau, et pour ainsi dire extérieur à celui-ci.

Bassin de percée. Creuset inférieur, qui communique avec le bassin d'avant-foyer, et reçoit son trop plein.

Bassin de coulée. Bassin creusé dans le sol de la fonderie, et qui sert après la percée à recevoir les matières métalliques.

BATITURES. Éclats qui se détachent sous le marteau du forgeron ; ce sont ordinairement des oxydes au premier degré.

Batterie. Nom que l'on donne à l'assemblage de pilons qui servent au bocardage.

Bocard Machine qui sert à réduire en poudre, plus ou moins fine, les minerais. (*Pl.* 7, *fig.* 6.)

Bouche. Partie par laquelle les fourneaux aspirent l'air nécessaire à la combustion.

Bourbe. Vase formée par des parties extrêmement ténues de gangue suspendues dans l'eau; cette vase se dépose dans les derniers bassins du labyrinthe de l'atelier de lavage.

Bourbier. Nom que l'on donne à ces bassins.

Brasque. Poussière de charbon dont on remplit un creuset fermé, et au milieu de laquelle on place la matière que l'on veut soumettre à l'action du feu.

Brasque légère. Poussière de charbon.

Brasque pesante. Poussière de charbon mêlée d'argile.

C

Cadmie, ou *Kiess*, ou *Tuthie.* Oxyde gris et volatil de zinc, qui, dans le grillage des minerais de ce métal, se sublime et s'attache aux barreaux du fourneau.

CAISSES ALLEMANDES, ou *Caisses en tombeau*. Tables sur lesquelles on opère le lavage des matières à trier, qui sont déjà d'une certaine finesse. (*Pl.* 7, *fig.* 3, A et B.)

CALCINATION. En métallurgie, on désigne par ce mot l'opération que l'on fait subir à différentes substances, en les exposant à l'action d'un feu plus ou moins vif, pour les priver de quelques-uns de leurs principes, et quelquefois aussi pour détruire leur dureté.

CAMES. Parties saillantes de l'arbre qui accrochent les pilons d'un bocard.

CASTINE. Nom que l'on donne au calcaire que l'on emploie comme fondant pour la réduction des minerais argileux, et principalement de fer.

CÉMENTATION. Procédé chimique, qui consiste à entourer un corps à l'état solide de la poudre de quelques autres, et à exposer le tout, en vase clos, à un degré de chaleur qui ne suffit pas pour en opérer la fusion. On désigne aussi par cémentation l'opération qui consiste à précipiter le cuivre d'une dissolution par le moyen du fer; ce cuivre ainsi obtenu s'appelle cuivre de cémentation.

CHALUMEAU. Nom donné à un instrument en cuivre, en fer, en argent, ou en verre, dont on se sert pour chauffer, fondre, ou souder certaines matières; dans les essais, il est préférable de se servir du chalumeau de Gahn. (*Pl.* 7, *fig.* 4.)

CHAUFFE. Partie du fourneau dans laquelle se fait la combustion.

CHEMINÉE. Partie du fourneau qui sert au tirage, ou à amener dans le fourneau un courant d'air suffisant.

COKE. Matière charbonneuse résultant de la distillation de la houille, soit dans des fours clos, soit dans des fours provisoires établis en plein air, et dans lesquels les produits fluides sont brûlés ou dissipés.

COHÉSION. (*Voyez* ADHÉSION.)

CORNUE. Vase que l'on emploie dans diverses distillations; c'est une espèce de bouteille à long col, recourbé de telle manière qu'il fait avec sa panse un angle de soixante degrés. On fait ces cornues en verre, en fonte, en plomb, en platine et en terre réfractaire.

COUPELLATION. Opération par laquelle on sépare l'or et l'argent des autres métaux avec lesquels ils sont unis; elle consiste à faire fondre dans une coupelle, avec du plomb, l'or et l'argent qu'on veut essayer : le plomb s'oxyde, se fond, et entraîne, soit en passant à travers la coupelle, soit en passant par une ouverture ménagée à cet effet, les métaux étrangers.

COUPELLE, ou *petite Coupe*. Petit vase dont on se sert pour la coupellation. Les coupelles que l'on emploie pour les essais sont faites avec de la poudre d'os calcinés et pulvérisés. Cette poudre ne doit être ni trop grosse ni trop fine ; car la coupelle ne doit pas être assez poreuse pour perdre toute consistance, et cependant il faut qu'elle le soit assez pour recevoir l'oxyde de plomb qu'elle doit absorber. On a récemment proposé pour les essais au chalumeau de petites coupelles, composées de parties égales en poids, de terre à porcelaine et de belle terre de pipe très-fines et parfaitement sèches. Les grandes coupelles qui servent dans les usines se fabriquent avec des cendres de sarments de vigne, ou de fougère bien lessivées et calcinées. La lixiviation est d'autant plus indispensable, que sans elle les cendres conserveraient de l'alcali, qui se combinerait avec le plomb. On emploie aussi de la marne, ou des matières terreuses calcaires que l'on connaît souvent sous le nom de *merle*. Ces dernières coupelles sont employées depuis 1817 aux mines de Poullaouën en Bretagne. Depuis quelque temps on emploie dans la Haute-Silésie des coupelles qui sont faites avec de la marne, et qui offrent de grands avantages sur celles faites avec des cendres de sarments.

CREUSET. Vase de forme circulaire, ou triangulaire et conique, dans lequel on soumet beaucoup de substances solides à l'action du feu. Il y a des creusets de terre, de porcelaine, de plombagine, de fer, d'argent et de platine. On donne aussi ce nom à la partie basse de la sole des fourneaux qui reçoit les matières fondues.

CRIBLE. Espèce de tamis à larges ouvertures, dont les formes varient beaucoup ; on se sert quelquefois du crible à double bascule. (*Pl.* 7, *fig.* 2.)

CULOT. Morceau de métal, ou d'autre substance fondue, qui se trouve au fond du creuset.

D

DÉBOURBAGE. Nom que l'on donne au lavage du minerai, que l'on exécute ordinairement en plaçant leminerai sur une grille, au-dessus de laquelle tombe un courant d'eau très-fort.

DÉPART. Opération qui a pour objet de séparer l'or de son alliage avec l'argent, etc. On se sert ordinairement pour cela d'acide nitrique (eau-forte), et quelquefois d'acide sulfurique. Si l'on emploie l'acide nitrique, il doit être entièrement débarrassé d'acide muriatique; car sans cette précaution il attaquerait l'or, et en dissoudrait une légère quantité: c'est avec le nitrate d'argent que l'on opère cette séparation.

DISSOLUTION. Fusion d'un corps dans un liquide.

DISTILLATION. Vaporisation des liquides dans des vaisseaux fermés, qui sont des alambics ou des cornues. On opère la distillation pour séparer les principes volatils d'un corps d'avec les principes fixes.

DUCTILITÉ. Propriété qui rend les corps susceptibles de s'allonger, et par conséquent de s'affaiblir sans se rompre. Ce mot est consacré aux métaux.

E

ECROUISSEMENT. Augmentation de densité, de dureté et d'élasticité, que l'on procure aux métaux en les battant.

EGRAPPOIR. Espèce de crible incliné semblable à une échelle, dont les échelons seraient prismatiques et très près les uns des autres. On jette les minerais sur l'égrappoir, et on y fait passer en même temps un courant d'eau assez rapide pour délayer les terres qui enveloppent les minerais.

ELIQUATION. Opération par laquelle une substance plus fusible est séparée d'une autre qui l'est moins.

ERBUE. Nom que l'on donne au fondant argileux que l'on emploie lorsque les minerais soumis à la fonte sont trop calcaires.

ETALAGE. Nom qui sert à indiquer l'évasement qui est à la partie supérieure du creuset dans les hauts-fourneaux ; il sert à le réunir à la grande cavité du fourneau.

F

FLUX. Terme dont on se sert généralement pour désigner les substances qui facilitent la fusion des minerais.

Flux noir. Il s'obtient par la détonation d'un mélange de deux parties de crème de tartre et d'une de nitre de potasse.

Flux blanc. Celui-ci résulte de la détonation de parties égales des mêmes substances.

Flux de Morveau. Il se compose de huit parties de verre pulvérisé exempt de plomb, une de borax calciné, et un tiers de charbon en poudre.

FONDANT. (*Voyez* FLUX.)

FONTE. Résultat du traitement des minerais dans les forges ou les fourneaux.

FORGE CATALANE. Fourneaux de petite dimension, qui se composent d'une cavité carrée garnie de plaques de fonte, et à laquelle aboutissent les soufflets. On charge le fourneau de minerai et de combustible, et au bout de quelques heures de travail le métal réduit se rassemble en une masse pâteuse que l'on enlève avec les ringards. (*Pl.* 1, *fig.* 5, A et B.)

FOURNEAUX. Appareil dont on se sert pour soumettre différentes substances à l'action du feu ; les fourneaux sont en terre cuite, en fonte ou en maçonnerie. On en distingue de plusieurs espèces :

1° Fourneau à réverbère. (*Pl.* 1, *fig.* 6, A et B.)

2° Fourneau courbe ou à manche. (*Pl.* 4, *fig.* 5, A, B et C.)

3º Fourneau d'affinage. (*Voyez* art. ARGENT, FER, CUIVRE et PLOMB.)

4º Fourneau de coupelle. (*Pl.* 6, *fig.* **3,** A, B et C.)

5º Petit fourneau de coupelle ou d'essai. (*Pl.* 6, *fig.* 2.)

6º Fourneau de liquation. (*Pl.* 1, *fig.* **7,** I et II.

7º Haut-fourneau. (*Pl.* 2, *fig.* 1, I, II, III).

8º Fourneau de ressuage. (*Voyez* RESSUAGE.)

9º Fourneau écossais. (*Pl.* 3.)

FRAGILITÉ. Propriété inverse de la ductibilité.

FRITTE. Produit de la calcination des minerais susceptibles de se convertir en une espèce de scorie.

FROMAGE. Petit cylindre de terre cuite, de cinq à six centimètres de diamètre et de deux à trois d'épaisseur, qui sert à élever les creusets au-dessus de la grille des fourneaux, et à les exposer à la plus grande intensité de la chaleur.

FUSIBILITÉ. Propriété par laquelle un corps solide se fond facilement par l'action du feu.

FUSION. Passage des corps de l'état solide

à l'état liquide par l'interposition du calorique.

G

GALÈRE. Fourneau en carré long, couronné par un dôme semi-cylindrique, dans lequel on dispose un nombre plus ou moins grand de cornues, dont les becs traversant le dôme viennent se rendre au dehors dans un récipient.

GANGUE. Nom que l'on donne à la substance pierreuse qui accompagne les minerais.

GRILLAGE. Opération que l'on pratique, en exposant les minerais à une chaleur lente et incapable de les faire fondre. L'action du grillage a pour but de détruire leur cohésion, ou d'en séparer des matières volatiles. Il existe trois sortes de grillage :

1° Le grillage en tas. (*Pl.* 1, *fig.* 10.)

2° Le grillage encaissé. (*Pl.* 1, *fig.* 8 et 9.)

3° Celui dans des fourneaux. (*Voy*, RÉVERBÈRE, etc.)

GUEULARD. Ouverture supérieure des hauts-fourneaux par laquelle on les charge.

I

IMBIBITION. Opération qui consiste à s'emparer de l'argent natif par le moyen du plomb.

INQUARTATION. L'une des opérations que l'on fait subir à l'or présumé fin, pour s'assurer s'il ne contient pas d'argent; elle consiste à allier l'or que l'on veut essayer avec trois parties d'argent, et de procéder ensuite au départ.

K

KIESS, ou *Cadmie* ou *Tuthie*. Les mineurs donnent aussi souvent ce nom au sulfure de zinc.

L

LABYRINTHE. Nom que l'on donne au système de canaux par lesquels passe l'eau chargée de particules de minerais qui sortent de l'auge du bocard.

LABORATOIRE. Partie du fourneau à réverbère, où l'on place les matières à fondre ou à échauffer.

LAITIER. Matière vitreuse qui se forme

au-dessus du creuset, contenant la fonte dans les hauts fourneaux, etc. Ce laitier est le résultat de la combinaison du fondant avec les substances terreuses mélangées au minerai que l'on purifie. Ces substances sont vitrifiées et ramenées à la surface par suite de la plus grande densité de la fonte.

LAVAGE. Opération qui consiste à séparer, par le moyen de l'eau, les minerais des matières pierreuses qui y sont mêlées.

LIQUATION. Procédé au moyen duquel on parvient à séparer deux métaux alliés, en profitant de leur différence de fusibilité.

LOUPE. Masse poreuse formée par des grumeaux de fer, que l'ouvrier a rapprochés dans le fourneau d'affinage.

LUT. Substance pâteuse que l'on applique sur la surface de certains corps, soit pour les préserver de l'action du feu, et quelquefois de l'air, soit pour en boucher les interstices, et les rendre imperméables. Les luts qui servent en métallurgie sont ordinairement formés d'argile, de sable, et quelquefois de plombagine.

M

MACHINES SOUFFLANTES. Appareils employés pour introduire par la bouche des fourneaux une quantité d'air beaucoup plus considérable que celle qu'ils pourraient aspirer par cette partie. Les machines soufflantes forment quatre genres très-distincts par les principes sur lesquels leur construction est fondée :

1° Les soufflets proprement dits. (*Pl.* 3, *fig.* 2, A et B.)

2° Les pompes soufflantes, ou soufflets à piston. (*Pl.* 3, *fig.* 3.)

3° Les soufflets hydrauliques (*Pl.* 2, *fig.* 6.)

4° Les trompes. (*Pl.* 3, *fig.* 4.)

MALLÉABILITÉ. Propriété que possèdent les métaux de s'étendre sous le marteau sans se rompre.

MANOMÈTRE. Espèce de baromètre employé pour mesurer le ressort d'un gaz contenu dans un vase fermé.

MARTINET. Gros marteau de fonte douce ou de fer, de quatre à cinq cents kilogr.; il est emmanché à l'extrémité d'une solive, mue par une machine à eau ou à vapeur. Il frappe avec une grande force, et une vitesse variable, selon la volonté de l'ouvrier, sur une forte enclume.

MATRAS. Vase de verre à long col, dont le corps est le plus souvent rond, et quelquefois ovoïde.

MATRICE. *Voyez* GANGUE.

MATTE. On donne généralement ce nom aux sulfures métalliques fondus ; les mattes sont souvent grillées dix ou quinze fois avant qu'on ait pu séparer la plus grande partie du soufre.

MINE. Nom employé souvent comme synonyme de minerai.

MINERAI. Métaux dans leur état brut, combinés ou mélangés avec d'autres corps.

MORTIER. Vase en pierre, en verre ou en métal, dans lequel, à l'aide d'un pilon, l'on pulvérise différentes substances.

MOUFLE. Espèce de petit four en terre qui s'adapte dans un fourneau à réverbère, et dans lequel se pratiquent les opérations de la coupellation. Le moufle se compose d'une aire qui doit être parfaitement horizontale et d'une voûte légèrement surbaissée ; il est fermé de trois côtés par des parois percées de fentes et a la forme d'un carré long.

O

ORPAILLEURS. Désignation des personnes qui séparent l'or des sables, au moyen du lavage. Cette opération se fait sur les lieux mêmes ; les orpailleurs lavent ces sables d'abord sur des tables inclinées, qui sont quelquefois couvertes d'un drap, ensuite dans des sébiles à la main. Enfin, pour enlever tout cet or, ils emploient le moyen de l'amalgamation.

OUVRAGE. Terme employé pour désigner l'ensemble du creuset et des étalages des hauts-fourneaux.

P

PATOUILLET. Fosse, ou lavoir particulier, traversé par un courant d'eau, dans lequel, on place le minerai à laver, et où il est agité au moyen d'un arbre tournant, garni de crochets de fer, mu par l'eau. (*Voyez* art. LAVAGE.)

PÉPITE. Terme donné aux échantillons de métaux natifs, d'un certain volume, détachés de leur gangue et roulés.

PILON. Instrument dont on se sert pour piler une substance dans un mortier. On nomme aussi pilons les masses qui servent à piler les minerais dans le bocard.

POITRINE. Désignation du devant du fourneau courbe et du haut-fourneau.

POMPES SOUFFLANTES. (*Voyez* MACHINES SOUFFLANTES.)

PONT. (*Voyez* AUTEL.)

PORTEVENT. Tuyau de machine soufflante, qui sert à conduire l'air dans les fourneaux.

PYROMÈTRE. Espèce de thermomètre solide, qui sert à mesurer des températures très-élevées ; celui de Wedgwood est le plus employé.

R

RAFFINAGE. (*Voyez* AFFINAGE.)

RAFRAICHISSAGE. Opération qui précède la liquation, et dans laquelle on fond le cuivre noir argentifère avec trois fois environ son poids de plomb.

RAMPANT. Canal incliné qui établit la communication du fourneau à réverbère de haute construction, avec la cheminée qui alors est placée à côté.

RÉCIPIENT. Vase de forme variable, qui reçoit le produit d'une distillation ou d'une autre opération.

RÉDUCTION. Opération par laquelle on ramène à l'état de métal une substance métallique en combinaison avec d'autres corps.

RÉFRACTAIRE. Substance pouvant supporter une température très-élevée, sans se fondre ou sans éprouver une altération bien sensible.

RÉGÉNÉRATION. (*Voyez* RÉDUCTION.)

REGISTRE. Trappe ou porte qui permet d'augmenter ou de diminuer la largeur du canal de la cheminée, et par suite le tirage du fourneau. On place aussi cette trappe dans le conduit par lequel arrive le vent sous la grille du fourneau, de manière à donner un courant d'air plus ou moins fort selon le besoin.

RÉGULATEUR. Réservoir qui, dans les ateliers où il y a des pompes soufflantes, est essentiellement nécessaire pour que l'on puisse tirer l'air à chaque instant en quantité variable, et sans en laisser perdre ; il faut surtout ne pas diminuer le courant nécessaire à d'autres fourneaux ; il est donc important que ce réservoir conserve de l'air avec une pression constante, malgré les irrégularités qui ont lieu dans la marche des machines et les variations qui surviennent dans la consommation de celui qu'elles fournissent. On connaît trois sortes de régulateurs :

1° Le régulateur à eau a beaucoup d'analogie avec le soufflet hydraulique ; il consiste en une caisse renversée, dans laquelle se rend l'air qui sort de la machine soufflante ; cette caisse peut être fixe, et alors c'est le liquide dont le niveau s'abaisse lorsque l'air entre par compression, et remonte à mesure qu'il en sort pour aller dans les fourneaux. Quand la caisse est mobile, elle est chargée d'un poids que l'air soulève au moment de son introduction, et qui retombe quand il en sort une portion.

2° Le régulateur à piston diffère très-peu du précédent ; il est formé d'une caisse ou d'un cylindre. dans lequel se meut, à frottement et verticalement, un piston, qui est chargé d'un poids proportionné à la compression que l'on veut faire éprouver à l'air contenu dans le réservoir. Ces deux régulateurs sont munis de plusieurs soupapes. Des ouvertures extérieures, dites de sûreté, sont placées à une hauteur telle qu'en soulevant le piston mobile qui les ferme, l'air trouve une issue, si sa compression est arrivée à un point tel qu'elle pourrait compromettre la sûreté de l'appareil.

3° On a employé en Angleterre, comme régulateur ou réservoir, des caves à air, ou

grandes voûtes, dans lesquelles on réunis-
sait tout l'air fourni par une machine
soufflante très-forte.

Tous les grands réservoirs, destinés à
fournir de l'air aux fourneaux, doivent être
munis d'un manomètre. (*Voyez* ce Mot.)

RÉGULE. Ancienne dénomination de métal
pur.

RESSUAGE. Opération que l'on fait subir
aux pains de liquation, qui ont déjà été
passés au fourneau de liquation. On pratique
cette opération pour séparer, par une plus
forte chaleur, presque tout le plomb qu'ils
contiennent encore ; le ressuage se pratique
aussi pour priver d'autres métaux des substances étrangères qu'ils renferment.

RÉVERBÈRE, ou *Voute*. Partie intérieure
du laboratoire des fourneaux à réverbère.

RÉVIVIFICATION. (*Voyez* RÉDUCTION.)

RINGARD. Instrument qui sert à remuer
les matières ou fusion ; c'est une tige en fer,
plus ou moins longue, pointue, et quelquefois un peu recourbée.

ROTISSAGE. (*Voyez* GRILLAGE.)

S

SABLE. Terme qui désigne les gros grains

des minerais que l'on se procure par le bocardage.

Schlamm. Poussière fine de minerais que l'on produit par le bocardage.

Schlich. Poudre de minerais pilés, soit qu'ils aient été lavés ou non.

Scories. Nom que l'on donne aux matières impures et demi-vitrifiées, qui viennent se rassembler à la surface des métaux en fusion.

Sébile. Petite auge allongée, qui sert à exécuter les lavages à la main.

Sole. (*Voyez* Aire.)

Soufflet. (*Voyez* Machines soufflantes.)

Sublimation. Opération qui consiste à faire volatiliser des matières sèches et solides, et à les condenser dans la partie supérieure de l'appareil ou dans le récipient.

T

Tables fixes, ou *dormantes*. (*Pl.* 7, *fig.* 5, A et B.)

Tables a balais.

Tables mobiles *à percussion,* ou *à secousses.* (*Pl.* 7, *fig.* 7, 1, II et III.)

TÉNACITÉ. Propriété que possèdent certains métaux réduits en fils, de supporter un poids sans se rompre.

TEST, ou *Tét*. Espèce de coupelle en terre ou en fer, dont on se sert pour calciner des métaux et des minerais.

TRIAGE. Opération qui consiste à séparer les minerais des matières étrangères qui les enveloppent, et à ranger ces minerais selon leur degré de richesse.

TORRÉFACTION. (*Voyez* GRILLAGE.)

TROMPES. (*Voyez* MACHINES SOUFFLANTES.)

TUTHIE. (*Voyez* CADMIE ou KIESS.)

V

VOLATILITÉ. Disposition des corps à passer de l'état solide et liquide à l'état élastique.

VOUTE. (*Voyez* RÉVERBÈRE.)

PREMIÈRE PARTIE

DE L'ESSAI DES MINERAIS.

On désigne par essais en métallurgie, les moyens par lesquels on reconnaît dans une substance quelconque la présence et la nature d'un métal, et sa quantité évaluée en poids.

La pratique des essais est une des bases de l'instruction métallurgique ; mais les connaissances nécessaires pour les exécuter ne sont pas sans doute suffisamment répandues, puisque l'on néglige si souvent d'en faire usage dans les mines ; et cependant l'on devrait dans ces ateliers répéter fréquemment les essais des minerais employés, parce que leur nature peut varier, et exposer ainsi les propriétaires à des erreurs plus ou moins importantes. Les essais docimastiques deviennent surtout essentiels, lorsqu'il s'agit de minerais précieux, vu qu'ils offrent une indication assez précise des quantités du métal que doivent produire les opérations.

On admet trois sortes d'essais : 1º l'essai

mécanique ; 2° l'essai par la voie sèche ;
3° l'essai par la voie humide.

1° *Des essais mécaniques.*

Ces essais se réduisent à la séparation
des substances mécaniquement mélangées
dans ces minerais, et s'exécutent par un
lavage à la main dans une sébile.

Pour faire un essai par la voie mécanique,
on pulvérise le minerai ; on en met un certain poids dans la sébile avec un peu d'eau,
et à l'aide de mouvements particuliers de
rotation, ou de va et vient, on sépare assez
exactement les matières les plus légères des
particules métalliques qui sont les plus
pesantes ; on obtient ainsi un schlisch plus
ou moins pur, qui fait juger de la qualité
des minerais essayés, et dont on isolera
tout le métal, en le soumettant à l'essai par
la voie sèche ou par la voie humide.

On pratique le lavage comme essai sur
les sables aurifères et stannifères, et même
sur les schlichs déjà lavés, pour apprécier
le degré de pureté auxquels ils sont par-
venus. Ce genre d'essai peut aussi être
employé avec avantage pour séparer les
minerais d'étain oxydé, et les sulfures de

plomb et d'antimoine, d'avec les gangues terreuses dans lesquelles ils sont souvent disséminés; le même mode d'essai est utilement employé pour reconnaître si des scories ou d'autres produits des fourneaux contiennent assez de parties métalliques pour qu'il y ait de l'avantage à les traiter en grand par le bocardage et le lavage.

2º *Des essais par la voie sèche.*

L'essai par la voie sèche a pour but de faire connaître la nature et la proportion des métaux contenus dans un minerai, mais pour éviter beaucoup de tâtonnements et de longueurs, il faut d'abord être fixé sur le métal que l'on croit exister dans l'échantillon et que l'on veut en retirer. Pour acquérir cette présomption les caractères minéralogiques sont d'un grand secours, et suffisent souvent pour fournir des données positives à cet égard; lorsque l'on est dans le doute, et que ces caractères ne peuvent servir, il faut alors varier ses essais, et faire une double opération; à cet effet, l'on partagera l'échantillon à essayer en deux portions, dont l'une servira à indiquer le métal contenu, et l'autre à déterminer sa proportion relativement aux autres substances avec lesquelles il est mélangé.

Les essais par la voie sèche demandent beaucoup d'habitude et peu d'appareils ; ils peuvent être pratiqués ordinairement dans les usines, et ils deviennent surtout nécessaires dans celles qui achètent du minerai provenant de différentes localités, puisqu'ils servent, en établissant la quantité relative du métal, à fixer le prix que l'on doit donner de ces minerais.

Ils se pratiquent en soumettant les corps à l'action du feu ; on se sert pour cela des coupelles, des cornues, des matras, des creusets, et quelquefois du chalumeau ; souvent dans ces genres d'essais, on doit ajouter un fondant ou une autre substance qui puisse faciliter la décomposition du minerai.

Les essais au chalumeau, par le peu de temps qu'ils demandent, et le peu d'embarras qu'ils causent, sont très-avantageux ; mais ils ne peuvent être employés que sur un très-petit nombre de minerais, lorsqu'il s'agit de préciser la quantité de métal qu'ils contiennent.

Pour se servir du chalumeau, il faut tenir l'instrument à la main, et avoir l'extrémité la plus large dans la bouche ; on dirige le bec devant la flamme d'une chandelle, ou d'une lampe à mèche assez grosse ; lorsqu'on vient alors à souffler dans le tube, on projette en avant un dard de flamme baigné d'air à l'extérieur et à l'intérieur, dont la chaleur est extrêmement intense ; l'habitude est nécessaire pour projeter cette flamme régulièrement et constamment sur le corps que l'on veut essayer, comme aussi pour continuer à souffler pendant un temps sans se fatiguer ; l'on parvient à ce but, en commençant par remplir sa bouche d'air, que le ressort des joues doit ensuite seul chasser dans le tube sans que la poitrine y ait la moindre part. Pour renouveler cet air dans la bouche, il faut en aspirer successivement par le nez, ce qui peut se faire sans discontinuer le jet ; en s'y prenant ainsi, on pourra souffler long-temps sans se fatiguer. Pour soumettre un corps à l'action de la flamme, on le place tantôt à l'extrémité d'une pince en platine, tantôt sur un charbon de bois, dans lequel on a creusé une cavité destinée à recevoir le corps, quelque-

fois sur une très-petite coupelle. Lorsque
l'on se sert du charbon comme support, on
doit éviter d'employer les charbons, tels
que celui de sapin, qui sont sujets à pétiller,
et rejettent alors la matière d'essai. Le
charbon de saule paraît être le plus convenable. Dans la plupart des cas, au lieu
d'exposer simplement le minerai à l'action
du chalumeau, on le pulvérise et on le pétrit,
soit avec de l'huile, soit avec de l'eau et le
fondant que l'on croit nécessaire d'ajouter ;
on forme ainsi une boule d'essai, qui est
moins exposée à projeter au loin des parcelles lorsque l'action du feu devient vio-
lente.

Lorsque l'on chauffe un minerai à l'extrémité de la pointe de la flamme sur un
charbon, et par conséquent avec le contact
de l'air, il s'oxyde ; lorsqu'on le chauffe au
contraire sans le contact de l'air, ce qui se
fait en projetant la flamme sur le charbon,
de manière à ce qu'elle environne le corps
de toute part, et le mette à l'abri du contact
de l'air, il se désoxyde en totalité ou en partie
s'il était oxygéné : les résultats obtenus de
l'une ou de l'autre manière sont par conséquent très-différents. La première est

appelée feu d'oxydation, et la seconde feu de réduction.

3° *Des essais par la voie humide.*

Lorsque pour essayer un minerai par la voie humide l'on doit avoir recours à des procédés compliqués, ce genre d'essai ne peut plus être généralement employé dans les usines ; en effet, il faudrait une personne exercée en chimie pour diriger les opérations, et il est rare que les peronnes employées dans les usines possèdent cette science au degré nécessaire. D'ailleurs ces essais nécessitent en général un temps plus long que celui que l'on pourrait employer à les faire ; cependant les directeurs de ces établissements ne doivent pas négliger les occasions qui se présenteraient de soumettre les minerais et leurs produits à un examen chimique très-approfondi, qui souvent les mettra à même de connaître les substances nuisibles qui altèrent la malléabilité des métaux, ou qui nuisent à leur fabrication.

ESSAIS DES MINERAIS D'OR.

L'or se trouve constamment à l'état métallique, et lorsqu'il est en paillettes, mêlées

aux sables de rivière, ou à l'état natif disséminé dans des roches aurifères, on peut, en
raison de sa grande pesanteur spécifique,
en opérer l'essai par la voie mécanique ; on
bocarde à cet effet les roches, et on laye avec
soin le minerai broyé. Ce procédé, qui est
également pratiqué en grand, peut s'opérer
dans une petite sébile à main.

L'essai par la voie sèche se pratique de la
manière suivante : on grille le minerai lorsqu'il contient de l'arsenic ou de l'antimoine,
qui sont ordinairement à l'état de sulfure,
et on le pile, ensuite on en fait un mélange
avec huit pour cent de petites grenailles de
plomb, souvent un peu argentifères. L'on
ajoute quelquefois à ce mélange une partie de
borax vitrifié qui agit comme fondant ; l'on
place le tout dans un petit creuset que l'on met
dans le fourneau d'essai, et l'on fond jusqu'à
ce que les scories qui surnagent le liquide
soient bien transparentes : alors on coule
pour obtenir le plomb métallique qui aura
retenu tout l'or du minerai ; on coupelle ce
plomb aurifère, et l'on obtient tout l'or qu'il
contenait, ainsi que l'argent qui existait ou
dans le minerai, ou dans le plomb employé.
Pour s'assurer si cet or obtenu est argenti-

fère, l'on doit pratiquer l'opération du départ, qui s'exécute en martelant le culot d'or pour l'amincir, le faisant légèrement rougir à la lampe ou dans un fourneau, versant dessus de l'acide nitrique pur, et faisant bouillir pendant vingt à vingt-cinq minutes l'acide nitrique ; il dissout l'argent et laisse l'or intact. Le sel d'argent peut être décomposé, et l'argent précipité à l'état métallique par une lame de cuivre ; on saura de cette manière la quantité d'argent que contenait l'or, en décomptant toutefois la quantité de ce métal qui pouvait exister dans le plomb. Lorsque le minerai d'or est très-pauvre, on doit faire l'essai sur trois ou quatre cents grammes, et le mélanger avec quatre parties de *minium* et douze parties de flux noir ; l'on place ce mélange dans un creuset, l'on chauffe comme ci-dessus, et l'on recueille le plomb pour le coupeller.

L'essai par la voie de l'amalgamation se fait en grillant le minerai, le pulvérisant et le triturant avec six parties de mercure vif dans un mortier.

Lorsque l'or est allié au tellure et au plomb, on peut juger de sa valeur par un essai au chalumeau sur un charbon de bois ;

dans ce cas, on observe dans le premier moment de la fusion une fumée blanche, suivie d'une lueur bleue ; soutenant la flamme de réduction pendant assez longtemps, on obtient un grain d'or qui entre en ignition au moment où il se solidifie,

Les essais par la voie humide ne sont pas employés dans les mines ; cependant M. Sage indique un procédé assez court, et dont il assure avoir obtenu un résultat très-satisfaisant. Ce procédé consiste à traiter le minerai avec dix parties d'acide nitrique pur, et à scorifier le résidu avec du plomb.

ESSAIS DES MINERAIS D'ARGENT.

Les essais par la voie sèche de ces minerais peuvent tous se pratiquer par le moyen du plomb et de la coupellation ; on emploie ordinairement le procédé suivant, soit que le minerai soit terreux ou bien sulfuré : on grille le minerai après l'avoir débarrassé autant que possible de sa gangue ; on le pile, et on le mêle avec huit ou dix parties de grenailles de plomb le plus pauvre possible ; on fond complètement toutes les matières, en agitant au moyen d'un crochet de fer ; on verse dans un vase de fer, où la matière se refroidit ; on casse avec précaution pour recueillir le plomb argentifère, que l'on traite par la coupellation.

Souvent on mêle aussi le minerai grillé et pulvérisé avec de la litharge dans un petit vase de terre, appelé scorificatoire, que l'on place sous la moufle d'un fourneau d'essai. (Pl. 10, fig. 2.) On chauffe convenablement ; le mélange se fond, une partie de la litharge vitrifie la gangue, et l'autre partie, ramenée à l'état métallique, entraîne tout l'argent, ensuite on traite ce plomb par la coupellation.

Quant à la manière de constater la présence de l'argent dans les minerais de plomb et de cuivre, nous renvoyons aux articles qui traitent de ces métaux.

Au chalumeau et sur le charbon les sulfures d'argent se fondent, se boursouflent en formant des bulles vides ; mais après quelque temps d'une insufflation soutenue, ils se réduisent en un grain d'argent entouré de scories, et dégagent une légère odeur d'acide sulfureux ; il est bon d'ajouter à cet essai un peu de soude, qui accélère encore le grillage et la purification de l'argent.

L'essai par la voie humide est fort simple ; mais on ne peut pas apprécier par ce moyen de petites quantités d'argent avec autant d'exactitude que par la voie sèche.

ESSAIS DES MINERAIS DE PLATINE.

Le platine se rencontre toujours à l'état métallique, mélangé ou allié avec une infinité de métaux de pesanteur très-différente ; il est impossible en raison de cela de faire un essai par la voie mécanique.

La méthode d'essai par la voie sèche ne lui est pas non plus applicable.

Quant à l'essai par la voie humide il se pratique de même que dans le traitement en grand, par conséquent nous en parlerons à l'article du traitement métallurgique du platine.

ESSAIS DES MINERAIS DE FER.

Les minerais de fer étant extrêmement variés, demandent dans leurs essais plusieurs procédés.

Lorsque les minerais sont des carbonates,

des hydrates ou oxydes contenant de l'eau, on doit les calciner pour en débarrasser l'acide carbonique et l'eau, et l'on doit tenir note de la perte qu'ils éprouvent dans cette opération.

Les minerais fort riches et purs, tels que le fer oxydulé et le fer oligiste, n'ont pas besoin d'être calcinés.

Les fondants dans les essais de fer varient en raison des gangues des minerais ; lorsque les minerais sont argileux, on emploie comme fondant de la pierre calcaire (*castine*). Pour les minerais à gangue calcaire, on emploiera de l'argile ou un fondant siliceux (*erbue*) ; on essaiera d'ajouter ces substances, à raison d'un quart ou moitié du poids du minerai. Souvent, avec le fondant terreux, on mêle un peu de borax calciné, ou du verre ordinaire, ou du fluate de chaux ; ordinairement on emploie les doses suivantes : un quart de fluate de chaux et autant de borax. Les minerais très-pauvres peuvent être essayés avec addition de vingt pour cent de verre ordinaire et de dix de borax calciné.

Pour faire un essai de fer, on pulvérise

avec soin le minerai calciné, lorsque ce sont des carbonates ou des hydrates, non calciné quand ce sont d'autres minerais ; on le mêle avec le fondant que l'on a choisi, dans la proportion d'un quart à deux tiers, suivant la quantité présumée des matières terreuses mélangées avec le minerai ; on pétrit le mélange avec de l'huile, et on le place dans un creuset brasqué, on le recouvre de charbon en poudre, on ferme le creuset au moyen d'un second creuset que l'on place renversé sur le premier, en lutant les jointures avec un lut réfractaire. Ce creuset fermé est ensuite posé sur un fromage ou brique, soit dans un foyer de forge, soit dans un fourneau à vent qui tire bien, et on chauffe au moyen d'un feu gradué pendant une heure ou trois quarts d'heure ; si la chaleur a été suffisante, on obtiendra un culot bien arrondi ; il faut autant que possible ne pas mettre trop de fondant, parce que les fondants ajoutés dans les essais dissolvent toujours une certaine quantité d'oxyde de fer.

Les minerais très-riches et privés de gangue, tels que les fers oxydulés et oligistes, peuvent être essayés en les réduisant immédiatement à l'état métallique ; pour cela on les met en morceaux assez gros dans un creuset brasqué et fermé, que l'on chauffe à la forge ou sous la moufle d'un fourneau d'essai. Il arrive quelquefois que dans les essais de minerais de fers fondus dans les creusets brasqués, la brasque de ces creusets contient des grenailles de fer qui n'ont pu se réunir au culot ; afin de s'en assurer, on procédera au lavage de la brasque, ou si l'on préfère on se servira du barreau aimanté ; quand on aura ainsi retiré les grains de fer qui se trouvaient mêlés à la brasque, on les réunira au culot pour faire la pesée.

Dans tous ces essais par la voie sèche, le fer que l'on obtient n'est pas pur ; il contient du carbone, et quelquefois du soufre, du phosphore, du cuivre, etc. Ces trois derniers corps pouvaient se trouver dans les minerais, tandis que le carbone contenu dans le fer provient du charbon de l'essai, qui a amené le fer contenu dans le minerai à l'état de fonte ; pour s'assurer de la qualité de cette fonte, on observe son grain, sa couleur, sa fragilité et sa dureté.

L'essai par la voie humide sert principalement à faire connaître le phosphore que les minerais peuvent contenir ; car l'essai par la voie sèche peut tout au plus faire soupçonner sa présence, lorsque sa quantité est telle que le phosphore combiné dans le culot de fonte le rend cassant.

Pour opérer cet essai par la voie humide on pulvérise le minerai que l'on présume contenir le phosphore, on le mêle avec le quart de son poids de nitrate de potasse (salpêtre), et on place le tout dans un creuset de terre que l'on chauffe assez fortement pendant une demi-heure ; on retire le mélange du creuset, on le lessive avec un peu d'eau distillée, et l'on filtre ; la liqueur obtenue est ensuite essayée par le procédé suivant : on la neutralise d'abord par de l'acide nitrique, et l'on y verse une solution de chlorure de chaux ; la liqueur ne doit point se troubler, sauf le cas où il se serait formé un peu de carbonate de chaux, que l'on séparerait par la filtration ; on ajoute ensuite un peu d'ammoniaque, et s'il se forme un précipité blanc par suite de cette addition, ce sera une preuve qu'il y aura du phosphore ; ce précipité sera un phosphate de chaux.

ESSAIS DES MINERAIS DE CUIVRE.

L'essai des minerais de cuivre par la voie sèche, essai assez facile d'ailleurs lorsque ces minerais sont bien débarrassés de leur gangue, et surtout la purification des culots métalliques, laissent toujours quelque incertitude, à cause des différents métaux qui se sont réduits en même temps que le cuivre, et dont il est très-difficile de le priver.

Lorsque l'on veut faire un essai, on doit s'assurer avant tout si les minerais contiennent du soufre ou de l'arsenic, ou tous les deux à la fois, ou s'ils sont oxydés. Cet essai peut se faire au chalumeau : l'odeur d'ail ou d'acide sulfureux qui se dégagera du minerai, soumis à un feu de réduction, est un signe caractéristique qui fera connaître la présence de ces deux corps. Si le cuivre est à l'état d'oxyde, il se réduira au feu de réduction en brillant jusqu'à ce que l'insufflation cesse ; alors il se réoxyde, et devient brun ou noir.

Dans le premier cas, ou lorsque le minerai renferme à la fois du soufre et de l'arsenic, ce qui a lieu très-fréquemment, on mêle le minerai en poudre avec de l'huile ou de la sciure de bois ; ou chauffe le mélange dans un creuset ouvert, jusqu'au dégagement total des vapeurs arsenicales et sulfureuses ; on retire le creuset du feu, et on réduit le résidu en poudre très-fine dans un mortier de fer. L'on grille cette poudre dans une petite capsule de terre ou têt, en remuant pour faire brûler le charbon. On mêle bien exactement le résidu de cette calcination avec moitié de son poids de poudre de borax calciné, un douzième de noir de fumée, et quelques gouttes d'huile pour lier le tout ; on entasse dans un creuset que l'on ferme en lutant le couvercle. Ce creuset est ensuite chauffé très-lentement à une bonne forge ou dans un bon fourneau, jusqu'au rouge-blanc ; on maintient cette température pendant environ vingt minutes ; on laisse refroidir, et l'on trouve, en cassant la masse, un bouton de cuivre métallique : sa couleur et sa malléabilité indiquent la qualité de la mine ; on coupelle ensuite pour s'assurer s'il contient de l'or ou de l'argent.

Si le culot obtenu n'était pas malléable, cela dépendrait des métaux étrangers qu'il serait nécessaire d'éliminer ; alors, pour le purifier, on le mettra dans une coupelle que l'on placera sous la moufle d'un fourneau d'essai, pour l'exposer à une très-forte chaleur blanche, en ayant soin de laisser la porte de la moufle entr'ouverte, pour que l'air s'y introduise, et donne à la surface du métal fondu un léger mouvement d'ondulation ; de temps en temps on inclinera la coupelle, pour que ce mouvement soit plus facile et plus prononcé, et on maintient le feu jusqu'à ce que la masse en fusion ne change plus de couleur. A cette époque on donnera pendant quelques minutes une chaleur plus forte, en bouchant l'ouverture de la moufle avec des charbons ardents, et ensuite on retirera vivement la coupelle que l'on plongera directement dans l'eau, pour en obtenir le métal.

Souvent on essaie les mines de cuivre par un grillage et une fusion avec trois parties de flux noir ; mais ce flux a l'inconvénient de dissoudre une grande quantité de cuivre.

Lorsque les minerais de cuivre sont des oxydes ou des sels, on peut les essayer directement par le charbon, en leur ajoutant quelquefois un peu de fluate de chaux.

ESSAIS DES MINERAIS DE CUIVRE.

L'essai des minerais de cuivre se fait par la voie sèche et par la voie humide, cette dernière méthode est la plus exacte, mais elle exige plus de soin et de temps : elle s'opère en traitant le minerai grillé par de l'acide nitrique ; cet acide ne dissout ni la silice ni la chaux ; ensuite, par un excès d'ammoniaque, l'oxyde de cuivre est dissous, et les autres oxydes métalliques en partie précipités ; saturant alors la dissolution alcaline filtrée par un acide, on pourra en précipiter le cuivre à l'état métallique par le moyen de lames de fer bien polies.

ESSAIS DES MINERAIS DE ZINC.

L'essai des minerais de zinc par la voie sèche peut se faire de deux manières : 1° en retirant directement le métal du minerai ; 2° en l'extrayant au moyen d'un autre métal avec lequel il puisse former un alliage.

Il faut faire griller les minerais avant d'en faire les essais.

Si ce sont des oxydes ou des carbonates, un très-faible grillage suffit, tandis que s'il s'agit d'un sulfure, on doit griller jusqu'à ce que le minerai soit ramené à l'état d'oxyde.

Il consiste à mêler le minerai grillé et pulvérisé avec de la poudre de charbon de bois, à introduire ce mélange dans une très-petite cornue de fonte ou de terre, à long col, que l'on puisse démonter ; ce col est fixé à un petit récipient au moyen de bon lut. On chauffe très-fortement pendant une heure dans un fourneau ordinaire, en ayant soin de tenir le récipient froid. On laisse ensuite refroidir l'appareil, et l'on casse le récipient pour en obtenir le zinc qui est venu s'y volatiliser.

Si une certaine quantité de zinc s'était condensée dans le col de la cornue, on pourrait l'en retirer en exposant le col bien fermé à une température capable de liqué-fier le zinc. Au lieu d'une cornue, on peut employer un tube de fer qui peut servir en même temps de cornue et de récipient.

La deuxième manière se pratique en faisant un mélange, parties égales, de minerai grillé et de limaille de cuivre rouge, que l'on place dans un creuset brasqué et bien fermé. On fait chauffer assez fortement, et,

après le refroidissement, on retire le culot
métallique, on le pèse, et en déduisant de
l'essai le cuivre employé, on aura le poids
assez juste du zinc contenu dans l'alliage
qui s'est formé.

Il est à remarquer que dans ces essais il
se perd toujours un peu de zinc.

ESSAIS DES MINERAIS D'ÉTAIN.

L'étain oxydé, ayant une grande pesanteur spécifique, peut être assez facilement
séparé de ses gangues par des essais mécaniques, tels que le lavage à sébile.

L'essai par la voie sèche se pratique en
mettant dans un creuset brasqué un poids
déterminé du minerai lavé ; on expose
pendant deux heures cet essai à un feu de
forge ou au fourneau à vent. On a soin de
graduer la chaleur, parce que sans cela
l'oxyde d'étain, ayant une grande affinité
pour les terres, passerait en partie dans
les scories : au bout d'une heure et demie
environ, temps où l'on suppose que la
réduction est complète, on donne un fort
coup de feu, et le tout se fond. On obtient
ainsi un culot d'étain et une scorie que l'on
pulvérise pour en retirer les grenailles

d'étain qu'elle pourrait contenir : le poids du métal indiquera la richesse du minerai.

En Angleterre, au lieu d'un creuset brasqué, on place quatre parties de houille pilée, et cent parties de minerai dans un creuset de terre ouvert. On chauffe dans un fourneau à vent, alimenté par du coke ; l'essai dure un quart d'heure.

Cette méthode de faire les essais est très-imparfaite ; MM. Dufrenoy et Elie de Beaumont ont indiqué un meilleur procédé. Il consiste à fondre le minerai dans un creuset brasqué, avec addition de cinq pour cent de borax vitrifié : on commence à chauffer doucement pendant une heure environ, puis on augmente le feu pendant une heure, et on donne un coup de feu qui dure un quart d'heure. Ce procédé, tel qu'il est indiqué, est le meilleur pour faire les essais d'étain, mais il a l'inconvénient de réduire le fer que contient souvent le minerai d'étain. Dans les essais au chalumeau, on peut ramener l'oxyde d'étain à l'état métallique par un feu de réduction vif et soutenu.

L'essai par la voie humide ne peut être employé dans les usines, parce qu'il demande trop de temps et des connaissances chimiques étendues.

ESSAIS DES MINERAIS DE PLOMB.

Les minerais de plomb sont ou des sulfures ou des oxydes ou des sels.

On parvient à retirer le plomb métallique
des oxydes ou des sels de plomb, en les débar-
rassant de leur gangue, les pilant et les
mêlant avec un peu de charbon en poudre,
de poix-résine et de borax calciné, fondant
le mélange dans un creuset ordinaire que
l'on place dans un fourneau d'essai. Avec
une chaleur modérée, on obtient, au bout de
très-peu de temps, le plomb réduit ; on peut
encore l'obtenir en fondant les minerais
avec le double de leur poids de flux noir.

Lorsque les minerais sont sulfureux, il
y a, pour les essayer, un grand nombre de
procédés très-différents les uns des autres.

S'ils sont purs, c'est-à-dire complétement
débarrassés des gangues ou des pyrites
cuivreuses et ferrugineuses, on peut se
passer d'en faire l'essai, car la composition
du sulfure de plomb est constante, et est
toujours environ de quatre-vingt-trois de
plomb métallique pour cent.

Par la voie sèche, les minerais sulfurés
sont essayés par les procédés suivants :

1° Faire un mélange de minerai pilé avec vingt à vingt-cinq pour cent de limaille de fer et un peu de borax calciné, placer ce mélange dans un creuset brasqué fermé, chauffer vivement au fourneau à vent ; au bout de quelque temps on obtient un culot de plomb dégagé des scories.

2° Dans beaucoup d'usines, on grille les minerais de manière à volatiliser la plus grande partie du soufre, et pour cela, on ajoute à plusieurs reprises de la poudre de charbon ; on parvient à ramener ainsi le minerai à l'état d'oxyde, que l'on réduit alors dans un creuset brasqué au moyen d'un mélange de poix-résine et d'un peu de borax calciné.

3° En Allemagne, dans les grandes usines, on essaie les schlichs pulvérisés en les mêlant avec quatre parties de potasse blanche calcinée. Ce mélange est placé dans un creuset que l'on recouvre de sel commun, et que l'on pose sous la moufle d'un fourneau d'essai, dans lequel le feu a été allumé une heure auparavant ; après deux heures on retire le creuset, on le laisse refroidir, et on obtient, en le cassant, le culot de plomb, que l'on coupelle ensuite pour connaître s'il contient de l'argent. Le poids de l'argent obtenu, déduit du poids du culot de plomb, donnera la quantité de ce dernier métal. Les produits divers des usines à plomb peuvent être essayés par ce procédé, mais on doit ajouter un quart de charbon en poudre.

4° En France, dans quelques établissements d'instruction métallurgique, on fait les essais de galène argentifère de la manière suivante : on pile le minerai, on le lave le mieux possible, ensuite on fait chauffer dans une moufle une coupelle poreuse comme à l'ordinaire, et lorsqu'elle est chaude on y introduit la galène enveloppée dans une feuille épaisse de plomb pauvre laminé, dans laquelle on renferme en même temps le surplus de plomb nécessaire à l'opération. On ferme la moufle, la masse s'affaisse, et lorsque le tout a acquis la température de la coupelle, on donne de l'air. Dans le commencement, il faut avoir soin de ne pas chauffer trop fort et de ne pas donner trop d'air, sans quoi la combustion du soufre serait trop vive, et il pourrait y avoir projection de la matière. Il se forme beaucoup de fumée, et lorsque l'on s'aperçoit qu'elle diminue, on donne une forte chaleur ;

alors le bain se découvre successivement et en totalité; à cette époque le plomb est pur, et, pour connaître au juste l'argent qu'il contient, on achève la coupellation, comme à l'ordinaire, dans le fourneau d'essai. (Pl. 6, fig. 2.)

Au chalumeau, sur le charbon, avec un peu de soude, la plupart des minerais de plomb se réduisent en plomb métallique. On peut faire l'essai en prenant un poids déterminé du minerai pilé, le mêlant avec un peu de soude, et formant, au moyen d'un peu de graisse une petite boule que l'on place sur le charbon; on soumet à un bon feu de réduction, et on obtient ainsi un bouton de plomb métallique.

On peut employer, pour essayer les minerais de plomb et les produits des fonderies, la voie humide; le procédé à suivre est extrêmement simple et les résultats très-exacts: il suffit de dissoudre les minerais grillés dans de l'acide nitrique légèrement affaibli, d'étendre la dissolution d'eau et de précipiter par une suffisante quantité d'un sulfate soluble qui forme, avec l'oxyde de plomb, du sulfate de plomb. Le précipité, lavé et séché, contient toujours soixante-huit pour cent de plomb métallique. Dans ce mode d'essai, l'argent qui pourrait être contenu dans le minerai se précipiterait aussi à l'état de sulfate. S'il s'agissait d'essayer des sulfates de plomb, soit purs, soit mélangés avec d'autres substances, il faudra employer de l'acide muriatique au lieu d'acide nitrique.

ESSAIS DES MINERAIS DES PLOMBS ARGENTIFÈRES PAR LA COUPELLATION.

Cette opération s'exécute toujours en prenant une coupelle bien sèche, la mettant dans la moufle d'un fourneau de coupelle ou d'essai. (Pl. 6, fig. 2.) Lorsque le fourneau est bien chaud, on met l'alliage à essayer dans la coupelle chauffée jusqu'au rouge-blanc; bientôt il entre en fusion, se recouvre d'une couche d'oxyde de plomb, s'aplatit, laisse exhaler des fumées, et acquiert un mouvement très-rapide qui favorise l'oxydation. Tout le plomb s'oxyde, et, à mesure qu'il se forme, il est absorbé par la coupelle, à l'exception de celui qui se volatilise. L'alliage diminue de volume, et laisse sur le bassin de la coupelle une trace d'un rouge-brun : sa surface devient convexe, et offre des points brillants qui vont continuellement en augmentant ; à cette époque, le plomb est presque entièrement absorbé, et l'on doit ramener la coupelle sur le devant de la moufle ; là, en très-peu de temps, les produits brillants disparaissent, l'alliage s'irise, perd un instant son éclat et redevient tout-à-coup brillant par un mouvement instantané que l'on appelle éclair ou fulguration : c'est à ce signe que l'on reconnaît que l'opération est terminée ; alors il faut rapprocher de l'ouverture de la moufle la porte, qui en avait été un peu éloignée, et attendre que l'argent soit solidifié pour en retirer la coupelle ; lorsqu'elle est refroidie, on saisit le bouton d'argent, on le brosse et on le pèse ; son poids, retranché de celui de l'alliage, donne le poids du plomb.

ESSAIS DES MINERAIS DE MERCURE.

Il existe deux moyens pour constater la richesse des minerais de mercure : le premier consiste à s'assurer de la quantité de cinabre ou sulfure de mercure qu'ils contiennent, et le second d'en séparer le mercure par la distillation. On juge de la quantité de cinabre que contient un minerai par le procédé suivant : on sépare, autant que possible, le minerai de sa gangue terreuse sans opérer de lavage ; ensuite on le réduit en poudre très-fine, que l'on place dans une cornue en verre, ou grès, ou fonte, et on chauffe d'une manière convenable. Par ce moyen on sublime aisément le cinabre en nature.

Lorsque les minerais contiennent du mercure à l'état métallique, on le sépare facilement par la distillation ; mais si en même temps ils contiennent du cinabre, et qu'on veuille le décomposer, on mêle la poudre des minerais avec une ou deux parties de limaille de fer, de chaux vive ou de craie ; on place ce mélange dans une cornue de grès ou de fonte, dont l'extrémité du col doit être munie d'un nouet de linge que l'on entretient constamment mouillé. On fait chauffer, le minerai sulfuré est décomposé, son soufre se combine avec le fer ou la chaux, et le métal volatilisé vient se condenser dans le nouet placé à l'extrémité du col de la cornue.

ESSAIS DES MINERAIS D'ANTIMOINE.

L'antimoine se rencontre presque toujours à l'état de sulfure. Lorsqu'il s'agit de connaître la quantité d'antimoine contenue dans un minerai de cette espèce, on peut se contenter de dégager le minerai de la plus grande partie de sa gangue, le piler ensuite, et le laver convenablement. Du sulfure bien pur ainsi obtenu par la voie mécanique, on pourra déduire la quantité d'antimoine métallique, puisque le sulfure d'antimoine contient soixante-douze à soixante-dix-sept de métal pour cent; lorsque l'impureté du minerai ne permettra pas d'employer cette manière abrégée, on aura recours aux procédés de fusion.

Les essais de minerais d'antimoine, en raison de la volatilité de ce métal, sont très-difficiles à faire avec précision; cependant on recommande les trois procédés suivants : Le premier consiste à traiter le minerai sulfuré avec moitié de son poids de limaille de fer pur dans un creuset de Hesse fermé; on chauffe d'abord doucement, ensuite fort; on tient la matière en pleine fusion pendant un certain temps; avec cette précaution on obtient deux culots qui se séparent assez nettement, l'un blanc et à grandes lames, qui est l'antimoine, séparé du soufre auquel il était combiné, et l'autre d'un jaune de bronze qui est le sulfure de fer. Le deuxième consiste à griller le minerai pulvérisé à une température inférieure à la chaleur rouge, en agitant continuellement les matières avec le contact de l'air jusqu'à ce qu'il ne se produise plus aucune vapeur sulfureuse. Le résidu d'un gris jaunâtre, qui est un oxyde d'antimoine mélé d'un peu de sulfure non décomposé, est placé dans un creuset brasqué ; on recouvre le minerai de charbon en poudre, et on ferme bien le creuset: on chauffe assez fortement, et on obtient le métal réduit en grenailles juxta-posées et mélangées de charbon. Le troisième se pratique en fondant le minerai grillé, avec trois à quatre parties de flux noir, dans un creuset fermé.

Si l'on voulait essayer un sulfure d'antimoine, que l'on supposerait contenir de l'or et de l'argent, on pourrait le faire en employant le procédé qui a été pratiqué à l'École des Mines de Paris, pour essayer le minerai d'antimoine de Neuwied-sur-le-Rhin. Ce procédé consiste à fondre cent grammes de minerai avec huit cents grammes de litharge ; on a obtenu par cette fusion, dans un creuset, un culot de plomb pesant deux cent soixante-douze grammes, et une scorie fluide d'un noir grisâtre et opaque. Le culot de plomb a été scorifié, et on a coupellé le résidu ; la coupellation a donné un bouton d'un blanc d'argent, sur lequel on a pratiqué l'opération du départ pour constater la présence de l'or.

ESSAIS DES MINERAIS D'ARSENIC.

L'arsenic se rencontre principalement à l'état d'oxyde, de sulfure, et combiné à différents métaux. L'essai des minerais arsenicaux par la voie sèche se pratique de la manière suivante : on réduit le minerai en poudre très-fine, et on l'introduit avec ou sans charbon dans des cornues en terre, aux ouvertures desquelles on a adapté des tubes qui se rendent dans un récipient contenant une petite quantité d'eau ; on lute bien les jointures, et on fait chauffer assez fortement : l'arsenic métallique se sublime dans les parties supérieures et dans les tubes des cornues. Nous avons dit plus haut que tous les minerais arsenicaux chauffés au chalumeau étaient reconnaissables par la fumée, et surtout par l'odeur d'ail qu'ils exhalaient.

ESSAIS DES MINERAIS DE BISMUTH.

Les minerais de bismuth, étant faciles à décomposer, sont essayés par la voie sèche; on place le minerai pilé avec un peu de soude dans un creuset brasqué; on fait chauffer peu à peu, et bientôt toute la masse se fond; on la laisse quelque temps dans cet état, puis on coule, et on sépare le culot des scories.

DEUXIÈME PARTIE

DE LA PRÉPARATION ET DU TRAITEMENT DES MINERAIS

PREMIÈRE SECTION

PRÉPARATION DES MINERAIS.

Avant de soumettre les minerais tels qu'ils sortent des mines aux opérations métallurgiques, on doit, pour la plupart, leur faire subir des opérations qui ont pour objet de dégager les minerais de leur gangue et des matières étrangères qui les enveloppent. Ces opérations sont le *Triage*, le *Criblage*, le *Bocardage* le *Lavage* et le *Grillage*.

Triage.

Il y en a de 2 sortes, ils ont lieu ordinairement dans l'intérieur des mines et dans les magasins de ces établissements; le premier triage qui s'effectue dans la mine consiste à séparer les morceaux de roches non métalliques de ceux qui contiennent des parties métalliques, et pour cela on fait attention aux caractères extérieurs et à la pesanteur. Le deuxième triage ou criblage s'exécute dans les magasins, qui sont ou de grandes chambres ou des hangars dans lesquels sont établis des bancs de triage ; ce sont des espèces de banquettes élevées, divisées en cases, garnies dans leur fond d'une plaque de fonte : c'est sur cette plaque que de vieux mineurs, des enfants, et même des femmes, sont employés à briser les minerais avec le marteau, et à les éplucher par morceaux. On divise par ce deuxième triage les minerais en trois classes principales, 1º la gangue stérile, que l'on jette ; 2º le minerai à bocarder, et 3º le minerai pur ou mine grasse. Ces trois classes peuvent encore être divisées selon les espèces de minerai que chacune renferme, ou selon leur degré de richesse.

Criblage.

On opère aussi quelquefois le triage de grosseur, au moyen d'une machine nommée crible à double bascule (Pl. 7, fig. 2). Ce sont

deux caisses inclinées en sens contraire ;
l'arbre tournant du bocard leur communique,
au moyen de tirants, un mouvement de bascule qui s'exécute sur les axes ; ces caisses
sont garnies à leur fond de cribles de différentes dimensions ; on met le minerai dans
la caisse supérieure, et on amène dessus un
courant d'eau qui le lave et lui fait parcourir
les deux caisses ; il est trié en morceaux de
diverses grosseurs par les différents cribles
au travers desquels il passe.

Le criblage se pratique particulièrement
sur les débris de mine et sur ceux provenant
du cassage du minerai ; le plus souvent on
opère le criblage de la manière suivante :
on met ces matières dans un crible, ou
espèce de tamis circulaire ou carré, dont le
fond est formé d'une grille ; on plonge ce
crible vivement dans une cuve remplie d'eau ;
ce liquide entre par le fond, soulève les
particules minérales, s'interpose entre elles,
et les tient un instant en suspension ; mais
aussitôt le crible soulevé sort de l'eau,
celle-ci s'échappe par les trous du fond, et
les particules terreuses retombent en suivant à peu près l'ordre de leurs pesanteurs
spécifiques, et se classent ainsi avec une

certaine régularité. La manière de donner au crible le mouvement de haut en bas et de bas en haut varie; quelquefois il est plongé par le laveur lui-même, qui le tient dans ses deux mains; quelquefois il est suspendu à une bascule que fait mouvoir ou l'ouvrier, ou un tirant communiquant à l'arbre tournant d'un roue. Pour que le criblage s'opère convenablement, il faut que le crible, entraîné de haut en bas par son propre poids, ne reçoive qu'un seul mouvement, celui de bas en haut; dans cette opération, le minerai se sépare en partie de sa gangue, et s'il y en a de diverses pesanteurs spécifiques, il se dépose dans le crible en autant de couches distinctes que l'ouvrier enlève facilement avec une spatule, en rejetant la partie supérieure, qui n'est généralement qu'une poussière terreuse, trop pauvre pour être repassée une seconde fois; on appelle cette opération criblage à la cuve ou criblage par dépôt.

Les particules métalliques qui pendant l'opération passent à travers le crible vont se déposer au fond de la cuve, où on peut les recueillir pour les soumettre au lavage.

Dans quelques usines, et entre autres à

Poullaouën, en Bretagne, les cribles sont de forme conique, et tenus au moyen de deux anses par l'ouvrier, qui lui imprime, outre le mouvement de bas en haut comme dans la méthode précédente, successivement des mouvements très-variés, et que la pratique leur enseigne.

Dans le criblage on se propose de séparer les parties pauvres du minerai des parties plus riches, afin de soumettre les premières au bocardage ; parmi les différentes manières de cribler et laver les minerais, nous signalerons surtout celles qui s'opèrent à l'aide des grilles de fer, dites *grilles anglaises*, et les *laveries à gradins de Hongrie*. Ces procédés, qui ont pour but de séparer les minerais de leur gangue terreuse, pulvérulente, s'exécutent en plaçant au sortir de la mine les minerais sur des grilles sur lesquelles on dirige ensuite un courant d'eau qui fait passer à travers les barreaux les petits morceaux, et entraîne les matières tout-à-fait pulvérulentes jusque dans des bassins où elles séjournent le temps nécessaire pour s'y déposer ; le lavage à gradins consiste en plusieurs grilles placées à la suite les unes des autres à différents niveaux, de manière que l'eau, arrivant sur la plus élevée où l'on a déposé le minerai à laver, entraîne, à travers cette première grille, les morceaux les plus petits, qui sont reçus sur la deuxième qui est plus serrée; ceux qui passent à travers celle-ci retombent sur une troisième encore plus serrée, et de là dans les bassins où se dépose ce qu'il y a de plus fin.

Toutes ces méthodes ne sont point applicables aux minerais en poussière fine et aux bourbes déposées dans les labyrinthes des bocards, parce qu'elles ne produisent qu'une séparation incomplète de la gangue; nous verrons plus loin les procédés que l'on emploie pour extraire les parties métalliques des boues ou poussières auxquelles elles adhèrent.

Bocardage ou concussage.

Cette opération a pour objet de briser et de piler les minerais, Un bocard ou machine à piler (Pl. 7, fig. 6) consiste en une ou plusieurs poutres mobiles (A) placées verticalement, et glissant entre des traverses de charpente (aa). Ces pièces, que l'on nomme

pilons, sont armées à leur extrémités inférieures de morceaux de fer (m), et portent
vers le milieu de leur hauteur à peu près
des parties saillantes appelées mentonnets,
ou ont des échancrures (oo). L'arbre (B)
d'une roue, mue par l'eau, par une machine
à vapeur, ou tout autre moteur, et tournant
horizontalement, soulève ces pilons au
moyen des cames (c) ou parties saillantes
en fer dont il est armé, qui pénètrent dans
les échancrures, ou rencontrent les mentonnets des pilons. L'intervalle qui existe
entre les cames est calculé de manière à ce
que le pilon, abandonné par une came,
retombe jusqu'au fond avant d'être repris
par la came suivante. Les pilons ainsi sou-
levés successivement retombent dans une
auge longitudinale (hh) creusée dans le sol,
fermée sur ses côtés par des cloisons, et dont
le fond est garni ou de plaques de fonte, ou
de pierres dures; c'est dans la partie la plus
élevée de cette auge, légèrement inclinée,
que le minerai à bocarder arrive en tombant
d'une trémie constamment pleine. Par l'effet
de la pente, et l'action successive des pilons,
la mine coule du haut en bas dans un réservoir inférieur. La pente peut être ou dans

le sens de la largeur de l'auge, ou dans le sens de sa longueur; dans ce cas, le minerai ne sort de l'auge qu'après avoir successivement passé sous tous les pilons. Le pilon qui reçoit le premier le minerai est le plus lourd, et a le moins d'élévation de toute la batterie; le minerai qui sort de dessous ce premier pilon est rapidement entraîné par l'eau, lorsqu'il a été suffisamment trituré et passe sous les autres pilons encore levés sans en être frappé; si au contraire le minerai sort trop gros du premier pilon, il reste sous le deuxième ou le troisième pilon dont il subit le choc, et n'est entraîné hors de l'auge qu'après avoir acquis la finesse nécessaire. Une seule auge renferme plusieurs pilons, que l'on appelle alors *batterie*. Un bocard est ordinairement composé *de plusieurs batteries*, dont les pilons sont mus par le même arbre. Il y a deux manières de bocarder, avec ou sans eau : lorsque les minerais ne doivent pas être lavés après avoir été bocardés, ou quand les minerais sont assez riches pour qu'on doive faire attention aux pertes les plus légères, on bocarde à sec. Dans la plupart des cas, et surtout dans le traitement des minerais de plomb, d'argent, de cuivre, de fer, on fait arriver dans l'auge du bocard un courant d'eau qui entraîne les minerais pulvérisés, et, s'écoulant dans un lit préparé à cet effet, y dépose la poussière qu'il tenait en suspen.sion à des distances déterminées par la pesanteur spécifique, la grosseur et la richesse des grains.

Dans le bocardage à sec la finesse de la poussière dépend du poids des pilons, de la hauteur de la chute, du temps pendant lequel on laisse la matière dans l'auge, et de la vitesse même du mouvement des pilons; elle dépend surtout du soin et de la facilité que l'on a de retirer la partie suffisamment pulvérisée au fur et à mesure qu'elle se forme, afin que le choc du pilon ne porte plus que sur les parties grossières, ce qui est bien difficile à obtenir dans le bocardage en grand à sec : mais dans le bocardage à l'eau on entraîne, au moyen du courant d'eau, les matières déjà pulvérisées, plus ou moins facilement, suivant la matière dont l'auge est construite. Quelquefois les matières sont obligées pour sortir de passer de l'auge par-dessus ses parois longitudinales, et la hauteur de la cloison qu'elles doivent franchir influe sur la grosseur des grains retenus. Souvent l'auge est terminée par une grille à travers laquelle passe l'eau et la poussière qu'elle charrie, ce qui équivaut presque à un criblage.

La vitesse et la quantité de l'eau qui traverse l'auge influent encore sur la sortie plus ou moins prompte des matières pilées, et par conséquent sur les produits du bocardage. Nous avons déjà dit plus haut combien il est important que les matières pulvérisées soient entraînées de dessous les pilons ; on ne saurait trop faire attention à cela dans la construction des auges.

Les morceaux de minerai pilé varient dans leur grosseur, en raison de la dureté variable des matières qui le composent ; on est parvenu à les diviser à peu près par ordre de grosseur et de pesanteur, en faisant circuler l'eau chargée des matières pulvérisées qu'elle a entraînées de l'auge à travers un système de canaux appelé labyrinthe, où elle dépose successivement, à mesure qu'elle perd de sa vitesse, les parties terreuses et métalliques qui étaient en suspension. Il serait assez naturel de penser que les parties métalliques étant spécifiquement plus pesantes que les parties terreusès qui forment leur gangue, se déposeraient les premières dans les canaux; mais souvent elles sont réduites en poussière beaucoup plus fine, s'aplatissent même quelquefois en petites lames qui, tenues en suspension par l'eau, sont portées au loin, et ne se déposent qu'avec les sables et les parties terreuses les plus fines, qui forment une boue où l'on est obligé d'aller les chercher.

Le bocardage peut être disposé pour obtenir beaucoup de gros grains (sable). ou bien pour avoir une poussière fine (schlamm).

Les minerais pilés, lavés ou non lavés, sont généralement appelés schlich.

Lorsque l'on veut obtenir les minerais en poudre très-fine, on ne bocarde pas; mais on écrase les minerais sous des meules qui tournent verticalement ou horizontalement, et ensuite on passe le tout au blutoir.

Lavage.

Lorsqu'après le bocardage les minerais ont été brisés, ils sont soumis à des opérations très-délicates, longues et coûteuses, que l'on nomme lavages. Leur but est de séparer, le plus complétement possible, les schlichs des matières étrangères, en raison de la différence de pesanteur.

L'intermédiaire dont on se sert pour rendre plus sensible la différence de pesanteur, et pour entraîner les matières les plus légères en abandonnant les plus pesantes, est l'eau que l'on fait couler avec plus ou moins de vitesse et d'abondance au milieu du schlich étendu sur une table plus ou moins inclinée.

Il arrive quelquefois que les schlichs obtenus par le bocardage contiennent des substances métalliques étrangères au métal que l'on veut obtenir, et dont on ne peut le séparer par les lavages, en raison de ce que ces substances ont une pesanteur spécifique à peu près égale au minerai : alors on est obligé de griller ces schlichs pour enlever quelques parties de ces substances étrangères. les dénaturer et les ramener par conséquent à une pesanteur spécifique moindre ; de cette manière on peut ensuite opérer la séparation par le lavage. Ce cas se présente souvent aux mines d'Altenberg, en Saxe, et du comté de Cornouailles en Angleterre, etc.

L'opération du lavage entraîne toujours,

outre une dépense assez notable, une perte plus ou moins grande de métal; c'est pourquoi il faut d'un côté calculer quel est le degré de richesse au-dessous duquel il n'y a plus de profit à exécuter le lavage, et d'un autre côté quel est le point de purification du schlich auquel il faut s'arrêter, parce qu'on perdrait trop de métal, comparativement à ce qu'il en coûte pour fondre une petite portion de gangue; or il ne peut évidemment y avoir aucune règle fixe à cet égard, puisque les éléments de ces calculs varient pour chaque établissement.

Le premier lavage s'exécute comme nous l'avons dit plus haut à l'article du bocard, dans le système de canaux que l'on nomme labyrinthe. Ces canaux sont fort longs, et diversement dirigés; ils présentent quelquefois un développement de deux cents mètres. L'eau, chargée des particules qui sortent du bocard, parcourt ces canaux; les sables les plus gros se déposent dans les premières parties du labyrinthe, tandis que les sables les plus fins et les vases presque entièrement terreuses remplissent les derniers bassins, qu'on nomme à cause de cela bourbiers. On obtient ainsi quelquefois jusqu'à cinq numéros de sables.

On lave par un autre procédé le minerai déjà broyé, et celui qui vient des menus débris des travaux ou de la poussière du cassage ; ce lavage a été décrit à l'article du criblage, sous le nom de criblage à la cuve ou criblage par dépôt.

Les différentes méthodes de lavage que nous venons d'indiquer n'ont eu pour objet jusqu'à présent que de trier grossièrement le minerai qui était à l'état de sable ; mais à mesure que le triage avance, les matières à trier par le lavage deviennent plus fines, et exigent de nouvelles manipulations et d'autres précautions. C'est ici que commence le lavage sur les tables, en employant d'abord celles qui offrent les manipulations les plus simples ; ce sont les tables, dites caisses allemandes, ou caisses à tombeau. (Pl. 7, fig. 3, A et B.)

Ces caisses sont rectangulaires, ayant environ trois mètres de long sur cinq décimètres de large ; elles sont encadrées par des rebords élevés de cinq décimètres ; elles ont une inclinaison d'environ quatre décimètres. A leur extrémité supérieure (chevet) est placée une espèce d'auge B, ou de boîte sans rebord du côté de la caisse, sur laquelle on place les matières à laver : le minerai que l'on lave dans ces caisses provient ordinairement des premiers canaux du labyrinthe du bocard ; il est trop fin pour être lavé au crible, et encore trop gros pour être lavé sur les tables, Au-dessus de cette auge passe un conduit (a), qui verse par dessus le rebord (b), du chevet de la caisse, un courant d'eau qui peut s'écouler par des trous percés dans le rebord (c) du pied de la caisse. Le laveur jette sur la table une partie du minerai placé dans l'auge, et ramène à mesure, vers la tête de la table, avec un rouable, le minerai que l'eau charrie, de manière qu'elle n'entraîne que les parties terreuses et le minerai fin ; l'eau s'écoule avec les parties en suspension dans les canaux (C) ou labyrinthe, qui font suite à ces caisses où les matières se déposent suivant l'ordre de leur pesanteur spécifique.

Lorsque l'on veut obtenir la séparation la plus complète possible du minerai et des matières terreuses, il faut encore étendre le minerai sur des tables moins inclinées, où le courant d'eau soit moins rapide et plus large. On opère ainsi plus complètement, et avec moins de perte, mais aussi plus lentement, cette dernière séparation. Pour arriver à ce résultat, l'on emploie ou successivement pour le même minerai, ou séparément pour les diverses espèces de schlichs, différentes espèces de tables à laver; nous donnerons la description de deux genres. Le premier comprend les tables immobiles, dites tables fixes ou dormantes, et le second les tables mobiles nommées à percussion ou à secousses.

Les tables dormantes (pl. 7, fig. 5, A et B) sont des tables à rebords, longues de quatre à cinq mètres à peu près, d'une largeur de quinze à dix-huit décimètres, et qui ont une inclinaison de douze à quinze centimètres; à leur tête est placée une planche triangulaire à rebord (A) un peu plus inclinée que la table sur laquelle son extrémité la plus large s'appuie; vis-à-vis l'angle du sommet on fixe une petite planche (a) qui ne le remplit pas, et sur chaque côté en pente de la planche, un rang de petits prismes (bb) triangulaires en bois; cet espace se nomme la cour. Au-dessus est placée obliquement la caisse qui renferme le minerai à laver; un peu plus haut, passe le canal (D) qui amène l'eau sur le minerai; celui-ci est délayé, entraîné et charrié à l'entrée de la cour. L'eau chargée des matières en suspension est d'abord divisée en deux filets par la planche placée au sommet de l'angle ; elle s'écoule par les côtés, et rencontre les prismes latéraux (bb) qui la divisent à l'infini ; elle se réunit au milieu de la cour, en formant une nappe d'eau qui s'étend sur la table et entraîne les parties les plus légères ; pour que les morceaux plus gros ne soient pas entraînés par le courant, le laveur ramène le minerai avec un rouable vers la tête de la table ; l'eau se charge des particules terreuses les plus fines, et se rend dans les caisses (G) et dans les canaux (H) placés au bas de la table. La boue des premiers canaux est reprise pour être privée, par un dernier lavage, des particules métalliques qu'elle peut encore contenir. On couvre quelquefois ces tables de toile ou de drap ; on a employé surtout ce moyen pour les minerais qui renferment de l'or, parce qu'on a pensé que les fils du drap ou de la toile retiendraient plus sûrement les particules les plus fines de ce métal: mais il paraît que ce moyen ne procurait qu'un schlich impur.

Les lavages du schlich d'étain s'opéraient autrefois aux mines de la Saxe presque uniquement sur des tables à toile ; aujourd'hui elles sont presque toutes remplacées par des tables à secousses.

On emploie dans quelques mines du Hartz et d'autres contrées, des tables dites *à balais,* qui diffèrent peu de celles que nous venons de décrire. (Pl. 7, fig. 5, A, B.) A la partie supérieure de la cour (A) est un canal (D) qui sert à amener le minerai entraîné par un courant d'eau qui est continuellement agitée par un moulinet (M) pour que les matières ne se déposent pas dans le trajet ; l'eau tombe au sortir du canal (D) sur la planche triangulaire (A), d'où le minerai est amené comme il a été expliqué ci-dessus sur la table (B). Un second courant d'eau, mais pure, arrive sur la table par un autre canal (C) qui passe sous la planche (A) en (d). Cette eau sert à délayer et laver le minerai. Vers le pied de cette table est une ouverture (e) que l'on ferme à volonté, et qui donne entrée dans un premier réservoir (F) placé au-dessous ; au bout de la table est un second réservoir, G ; enfin à l'extrémité est le canal (H), par lequel s'écoule l'eau, et où se déposent les rebuts. Lorsque l'eau a entraîné dans ce canal la poussière terreuse qui servait de gangue au minerai, le schlich, lavé, et presque purifié, se trouve répandu sur la table dans toute sa longueur, alors on balaie le minerai qui recouvre la table depuis l'o u verture (e) jusqu'au pied, et on le fait tomber dans le second réservoir (G); on balaie ensuite celui qui se trouve depuis le haut de la table jusqu'à l'ouverture (e), et on le fait tomber par cette ouverture (e) que l'on a ouverte à cet effet, dans le premier réservoir (F). Les schlichs du second réservoir (G), et les rebuts du canal (H) sont lavés de nouveau.

Le second genre renferme les tables mobiles à percussion ou à secousses. (Pl. 7, fig. 7, I, II et III.) La table elle-même A est construite à peu près comme les tables fixes; elle a environ quatre mètres de long et quinze décimètres de large; ses rebords ont à peu près deux décimètres dans la partie supérieure; mais au lieu de reposer sur des pieds, elle est suspendue, ainsi qu'on le voit dans la figure, par ses quatre angles, au moyen de chaînes (a, d, etc.). Ces chaînes, dans l'instant du repos, c'est-à-dire quand aucune impulsion étrangère n'agite la table qui est derrière, sont inclinées du chevet au pied, et tendent par conséquent à ramener la table vers la charpente qui est derrière son chevet.

Au-dessus et en arrière du chevet de la table, est une plate-forme (B) fixe qui porte un plan triangulaire incliné et à rebord (C) qui n'est autre que la planche (A) de la table à balai, et sur lequel sont attachés les prismes de bois (bb) que nous avons décrits dans les tables fixes : au-dessus de ce plan est placée la caisse (D) qui contient le minerai, son fond est oblique, elle est séparée elle-même en deux compartiments par une cloison mobile, percée d'un trou (C) à son bord inférieur. On met le minerai à laver dans le compartiment supérieur (1), l'inférieur (2) reste vide ; une rigole (R) passe au-dessus de ces caisses, et y amène l'eau par deux tuyaux (rr) dont l'un (r) la verse dans le compartiment où est placé le minerai, et l'autre, r', dans le compartiment vide. Le minerai délayé est entraîné du premier compartiment dans le second, où il est encore lavé par le courant d'eau qui s'y jette, et il est porté de là sur la table ; il s'y étend en nappe de peu d'épaisseur, comme nous l'avons décrit pour les tables fixes.

Pendant que le minerai descend, la table reçoit à son chevet, au moyen d'une machine (M) qui y est placée, une impulsion assez douce qui la pousse du chevet au pied ; cette impulsion cessant, elle revient à sa première position, et éprouve, en frappant contre la pièce (z), un choc assez fort, et ainsi de suite.

Ces mouvements contraires ont pour objet, 1° de séparer les particules terreuses et les particules métalliques qui pourraient être adhérentes, en leur communiquant des vitesses inégales et en raison de leur densité différente ; 2° de ramener vers le chevet de la table les parties métalliques qui sont les plus pesantes.

Le mécanisme qui imprime à la table les secousses dont nous venons de parler, est extrêmement simple : les figures (Pl. 7, fig. 7, I, II, III) et la description qu'on en donne à l'explication des planches, le font suffisamment comprendre. On modifie en raison de l'espèce de minerai que l'on doit laver, les différentes circonstances qui influent sur le lavage, ainsi l'inclinaison de la table varie de deux à quinze centimètres, l'eau y est répandue tantôt en filets déliés, tantôt à pleins tuyaux, en sorte qu'il y coule jusqu'à deux pieds cubes d'eau par minute; le nombre des secousses qu'elle reçoit varie de quinze à trente-six par minute; elle s'écarte de sa position primitive, tantôt de deux centimètres, tantôt de vingt : le gros sable exige en général moins d'eau et d'inclinaison dans la table que le sable fin est visqueux.

Lorsque l'on s'est assuré que le schlich est complétement lavé, et que l'eau qui s'écoule ne contient plus de minerai, on la laisse échapper par le canal qui est à l'extrémité de la table; mais lorsqu'on craint qu'elle ne renferme encore quelques particules métalliques, on ferme ce canal, et l'eau se rend dans la caisse (H), où elle dépose tout ce qu'elle tenait en suspension; on soumet alors le dépôt à un nouveau lavage.

Les préparations mécaniques que subissent les minerais, se pratiquent ordinairement à la sortie de la mine, et sans autre opération intermédiaire. Cependant il arrive quelquefois que, pour diminuer la dureté de certaines gangues et de quelques minerais de fer, on leur fait subir une calcination préalable à leurs cassage et bocardage.

Grillage.

Le but des diverses préparations que nous venons de décrire, était de séparer les substances métalliques des substances étrangères qui n'y étaient qu'à l'état de mélange. L'opération du grillage, rotissage ou torréfaction consiste à exposer les minerais à une chaleur lente et incapable de les faire fondre, pour les disposer, par ce moyen, aux combinaisons chimiques qu'ils doivent éprouver dans leurs traitements métallurgiques.

L'action du grillage est différente selon les espèces de minerais qui y sont soumises ; ses principaux effets sont, 1° d'en dégager l'acide carbonique, l'eau, le soufre, l'arsenic et toutes les parties volatiles qui peuvent être chassées par ce moyen ; 2° d'oxyder certains minerais et de les disposer à se combiner avec les acides ; 3° d'en rendre d'autres plus fragiles et plus propres à se combiner avec l'air ou avec les autres agents qui doivent les modifier.

Il y a certains minerais qu'il suffit de

griller une seule fois ; mais il y en a d'autres, tels que ceux de cuivre, qu'il faut griller jusqu'à quatorze et quinze fois, et même plus.

Un grillage longtemps continué ne produirait pas le même effet que les grillages réitérés, parce qu'on fond ordinairement le minerai avant de le griller de nouveau ; on répartit par ce moyen le soufre plus également.

On distingue trois méthodes de griller : 1º le grillage en tas ; 2º le grillage encaissé ; 3º le grillage dans des fourneaux.

1º Le grillage en tas est le plus simple, il se pratique sur les minerais de fer et sur ceux qui sont pyriteux et bitumineux. Lorsqu'on ne craint pas d'en griller de grandes quantités à la fois, on en forme des pyramides quadrangulaires tronquées (*pl.* 1, *fig.* 10) qui en contiennent quelquefois plusieurs milliers de quintaux. Les couches inférieures de ces pyramides sont composées de plusieurs lits de bois (ab), le reste est entièrement composé de minerais ; on a soin de placer vers le centre les morceaux les plus gros, et de mettre vers la surface le minerai le plus fin, qu'on bat bien, qu'on mêle quelquefois avec de la terre, et que l'on couvre de gazon. On pratique dans le milieu du tas un canal perpendiculaire (c d) par où on jette le feu qui doit enflammer les lits inférieurs de bois ; le soufre, ou le bitume, ou les autres principes volatils sont dégagés par la chaleur du combustible, et lorsque celui-ci a été entièrement consumé, le grillage continue à l'aide d'une partie du soufre ou du bitume qui a été élevée à une température assez haute pour brûler. On a soin qu'il ne se fasse point de crevasse sur les parois de la pyramide, et on dirige le grillage de manière que les vapeurs sortent toujours par le sommet tronqué ; on pratique quelquefois sur le plateau supérieur des cavités (ee) dans lesquelles une partie du soufre volatilisé est condensée et recueillie.

Souvent ce grillage en tas se pratique en faisant des lits successifs de minerai et de combustible, afin que le feu se communiquant d'une couche à l'autre, le minerai soit plus uniformément et plus complétement grillé.

Ordinairement on n'emploie que du bois comme combustible ; mais quelquefois on y mêle du charbon de bois, de la houille en morceaux, et même de la tourbe.

Lorsque le feu est mis aux tas, on doit employer divers moyens pour bien le diriger : ces moyens consistent à couvrir de terre ces parties de la surface extérieure où il se manifeste trop de feu, et à percer des trous ou donner du jour dans celles où il ne se développe pas suffisamment. Les pluies, les vents et surtout la manière bonne ou mauvaise dont le grillage a été conduit au commencement, influent beaucoup sur cette opération, qui demande une surveillance exacte, surtout dans les premiers moments.

2° Le grillage encaissé est celui dans lequel le minerai est entouré en partie ou en totalité de murailles qui forment des espèces, de fourneaux à trois ou quatre parois latérales, sans cheminées ni couvertures.

Cette méthode de grillage présente un grand nombre de variétés.

En Hongrie, on se sert pour griller les minerais sulfureux, et en recueillir presque tout le soufre, d'une aire murée qui consiste en quatre murailles solidement construites et formant un carré long, au milieu duquel on place le minerai à griller sur un lit de combustible. Ces murs sont percés de conduits nombreux qui communiquent dans des chambres placées autour du fourneau. C'est dans ces chambres que se rend le soufre, dégagé par le grillage. Lorsque les chambres destinées à condenser le soufre sont disposées autour du fourneau, l'aire est horizontale; si, ce qui est le cas le plus ordinaire, il n'y a de chambre de condensation que d'un seul côté comme dans la *fig.* 9 A, l'aire du fourneau est inclinée comme on le voit même *fig.* B. Ces fourneaux sont employés dans plusieurs usines, tant en France qu'en Belgique.

On agit rarement sur de très-grandes quantités de minerai à la fois dans le grillage encaissé ; aussi la plupart des encaissements dans lesquels on place le minerai sont-ils petits, et ne peuvent-ils souvent en contenir que quatre-vingts à cent quintaux : les uns sont carrés et à quatre parois. *(Pl.* 1, *fig.* 9, A, B.) On place sur le sol de l'espace renfermé entre les quatre murs (v, x, y, z) un lit de bois (a), sur lequel on répand le minerai à griller (b). ayant soin, lorsque cet espace est plein, de murer la porte (c) et de couvrir le minerai de poussière (d) battue et même mouillée, afin de forcer le soufre dégagé à sortir par les ouvertures (e e e) percées dans le mur de fond ; ce soufre se dépose dans les canaux (ff) et les dernières vapeurs sortent par la cheminée (g). D'autres encaissements, également carrés, n'ont que trois parois. (*Pl.* 1, *fig.* 8, A, B.) Dans ce cas, on les place sous un même hangar, le bois est placé sur le sol incliné (a) et recouvert de minerai (b) ; une partie des vapeurs peut se dégager par l'ouverture (c) percée dans le mur du fond (d). D'autres encaissements sont demi-elliptiques ; d'autres enfin sont circulaires et fermés de toutes parts. Dans les premiers, on se sert de bois pour le grillage ; dans les derniers, on peut employer de la houille ou de la tourbe. Quelquefois on creuse dans la terre des fossés d'un à trois mètres de profondeur, dont on revêt les parois d'une muraille unie. On place le minerai à griller dans ces fossés, et on allume le combustible par une ouverture latérale. Cette méthode est employée particulièrement pour les minerais de fer.

3° Le grillage dans des fourneaux est actuellement très-employé pour beaucoup de minerais. Les fourneaux employés à cet usage varient suivant les localités, la nature des minerais et la grosseur des morceaux.

Quand il s'agit de griller des minerais de fer, pour en dégager l'eau ou l'acide carbonique, on peut se servir avec avantage de fourneaux semblables à ceux dans lesquels on cuit la pierre à chaux, par son mélange avec le combustible.

Dans les Pyrénées, le grillage des minerais de fer s'exécute dans un fourneau circulaire, disposé de manière que le combustible est contenu et brûlé dans une espèce de chauffe inférieure, au-dessus de laquelle se trouvent les morceaux de mines de fer à calciner. Quelquefois la voûte de cette chauffe qui supporte le minerai, est formée en briques qui laissent entre elles des ouvertures pour le passage de la flamme et de la fumée. D'autres fois, la voûte est faite avec de gros morceaux de minerai arrangés avec soin, de manière à concilier la solidité avec la nécessité de laisser des intervalles à peu près uniformément ménagés pour le passage de la fumée; le minerai concassé est ensuite arrangé sur cette voûte factice, en commençant par mettre les plus gros morceaux à la partie inférieure.

Dans d'autres contrées, on grille les mi-

nerais dans des fourneaux presque semblables à ceux dont on se sert pour cuire la
porcelaine, c'est-à-dire que le combustible
est placé extérieurement au corps du fourneau, dans des espèces de fours, et la
flamme qui s'en élève traverse le minerai
concassé dont le fourneau est rempli.

Parmi les fourneaux dans lesquels les
minerais ne sont pas en contact avec le
combustible, il en est deux qui méritent
d'être décrits sous le rapport des avantages
qu'ils présentent, et de leur construction
qui est très-facile ; le premier est employé
depuis long temps en Allemagne, et depuis
quelques années en France dans les usines
du Creusot et de Vienne.

Ce fourneau est en brique (*pl.* 4, *fig.* 1,
2, 3, 4), il a dix-sept pieds de hauteur, extérieurement il est presque cylindrique ; le
vide intérieur est conique, il a trois chauffes
(a) placées latéralement, dans lesquelles on
jette de la houille, et trois autres ouvertures
(b) faites au niveau du sol, par lesquelles
on retire le minerai grillé ; un petit cône
en fonte (k) placé au centre de la base du
fourneau, force le minerai grillé à se présenter devant ces ouvertures. Les chauffes

communiquent avec l'intérieur du fourneau par les conduits (o), le gueulard (cd) est entouré d'une balustrade en bois ou en fer (m n m' n').

Lorsque l'on met le fourneau en activité, on le remplit de minerai et on le chauffe pendant quatre heures, au bout de ce temps on retire par les ouvertures (b) une partie du minerai qui se trouve grillé, et on le remplace par autant de minerai cru que l'on jette par le gueulard ; le travail continue aussi longtemps qu'on le désire.

Le second fourneau de ce genre est employé depuis quelques années, seulement à l'exploitation de la calamine de la Vieille-Montagne, entre Liége et Aix-la-Chapelle. Ce fourneau (*pl.* 1, *fig.* 1, 2, 3, 4) a cinq à six mètres de hauteur, il est prismatique à l'extérieur, et conique à l'intérieur. Il y a deux chauffes latérales (g) sur lesquelles on brûle de la houille, et qui communiquent à l'intérieur par les conduits (o), en sorte que le minerais n'est pas en contact avec le combustible ; il y a en outre, au niveau de la sole, deux ouvertures (p) par lesquelles on retire la calamine grillée, et qui correspondent aux deux faces d'un biseau (b), dont l'objet principal est de forcer le minerai à se présenter aux ouvertures. Ce fourneau marche à feu continu ; le bâtiment qui recouvre ce fourneau est construit en planches.

Le fourneau à réverbère peut fournir un des meilleurs moyens de grillage, principalement dans le cas où il faut employer l'action simultanée de la chaleur et de l'air atmosphérique pour détruire certaines combinaisons, telles que les sulfures et oxydes, ou brûler quelques-unes des parties du minerai. Il est évident en effet, que la facilité que l'on a de remuer les matières étendues sur la sole, afin de renouveler les surfaces, d'observer leurs apparences, d'augmenter ou de diminuer le degré de chaleur, permet d'opérer un grillage plus certain et mieux exécuté que par tout autre procédé ; on sait que la flamme mêlée d'air non brûlé entièrement, est très-oxydante et très-propre à acidifier le soufre et à oxyder les métaux ; enfin c'est le seul moyen de bien griller les minerais qui sont en poudre très-fine : si on n'emploie pas souvent ce mode de grillage, c'est que le grillage en tas est beaucoup plus économique et demande moins d'appareil :

mais dans tous les cas où l'on veut obtenir un grillage très-parfait, comme pour la blende (sulfure de zinc), le sulfure d'antimoine, etc., etc., ou bien pour les minerais en poudre très-fine, et destinés à l'amalgamation; il convient de faire l'opération dans un fourneau à réverbère. Quand on traite des minerais sulfureux très-fusibles, il faut que l'ouvrier ménage bien le feu ; car il arrive quelquefois que le minerai entre en fusion, et l'on est alors obligé de retirer les matières fondues du fourneau, de les bocarder et de recommencer l'opération.

Le fourneau à réverbère est toujours employé, comme nous l'avons déjà dit, pour griller les minerais précieux, et principalement ceux qui sont destinés à subir l'opération de l'amalgamation; comme ces minerais contiennent souvent de l'arsenic, de l'antimoine et d'autres substances volatiles, on dispose ces fourneaux d'une manière particulière pour recueillir dans des chambres de condensation l'oxyde d'arsenic qui se volatilise. Nous nous abstenons de décrire ici les fourneaux à réverbère qui sont employés au grillage, parce que nous en traiterons aux articles cuivre, plomb, etc.

Souvent, avant ou après le grillage de quelques minerais, on les expose à l'air et à la pluie : l'expérience a prouvé que c'était un moyen très-efficace pour débarrasser quelques minerais de certaines substances nuisibles, telles que le soufre qui est acidifié par l'oxygène de l'air, et même la magnésie. lorsque celle-ci se trouve dans des minerais un peu pyriteux ; l'exposition à l'air se pratique particulièrement pour les minerais de fer spathique.

DEUXIÈME SECTION

DU TRAITEMENT MÉTALLURGIQUE DES MINERAIS.

Or.

La découverte de ce métal remonte à la plus haute antiquité ; il est solide, jaune, très-brillant, inodore, insipide, ductile, très-malléable, très-tenace, et le plus pesant des métaux après le platine.

Les principaux minerais d'or exploitée sont, 1° l'or en paillettes, ou en pépites, mêlées aux sables de différentes rivières de l'Europe, de l'Amérique, de l'Afrique et de l'Asie ; 2° l'or disséminé dans les filons, ou allié dans ces gisements avec le tellure et l'argent ; 3° l'or contenu dans les sulfures de fer, d'argent, de cuivre, d'arsenic, de mercure, etc., etc.

Il paraît que l'or provenant des terrains d'alluvion est plus pur que celui qui est retiré des filons.

Les pays qui fournissent le plus d'or sont le Brésil, la Nouvelle-Grenade, le Chili, le Mexique, le Pérou, la Sibérie et l'Autriche.

Les minerais d'or présentent de si grandes différences dans leur richesse et dans leur nature qu'il est nécessaire de suivre dans leur traitement des procédés tout-à-fait différents.

L'or en paillettes, ou en pépites, est le résultat des recherches des orpailleurs : ces hommes lavent les sables aurifères sur les lieux mêmes ; ils emploient d'abord pour ces lavages des tables inclinées, quelquefois recouvertes d'un drap ou d'une peau, et quelquefois ils en opèrent le lavage dans des sébiles à main : d'autres fois ils se servent de calebasses ou d'une planche rayée à vingt-quatre cannelures transversales qu'ils tiennent inclinées ; ils mettent le sable à laver sur la première cannelure ; ils jettent de l'eau, l'or mêlé à un peu de sable se rassemble vers la vingtième cannelure : alors ils en achèvent le lavage à la sébile, et ils obtiennent ainsi pour résidu un sable très-aurifère, qu'ils traitent enfin par l'amalgamation. Les tables à laver les sables aurifères qui sont recouvertes de drap ou de peau ont l'inconvénient grave de retenir autant de sable que de paillettes d'or.

Les minerais d'or en roche sont bocardés, et ensuite lavés sur des tables ou dans des sébiles à main. L'or provenant de ce lavage est ensuite fondu dans des creusets avec du plomb, puis coupellé, et purifié en dernier par l'opération du départ; ou directement broyé avec le mercure sans aucune autre préparation.

Les sulfures métalliques qui contiennent de l'or sont beaucoup plus communs que l'or en roche; mais aussi ils sont beaucoup moins riches; ils sont quelquefois tellement pauvres, qu'on en connaît qui ne contiennent que deux cents millièmes d'or; mais qui cependant peuvent être exploités avantageusement lorsqu'on les traite avec méthode et économie.

On suit pour séparer l'or de ces minerais deux procédés différents; 1º celui de la fusion, et 2º celui de l'amalgamation.

Pour le procédé de fusion, on grille d'abord les sulfures aurifères; on les fond en mattes, que l'on grille de nouveau; on les fond ensuite dans des creusets avec du plomb, et on obtient un plomb d'œuvre aurifère que l'on affine par la coupellation.

Lorsque les minerais d'or sont très-riches, on les fond directement avec du plomb, sans grillage ni fonte préliminaire. (*Voyez la note à la fin de l'article* Or.)

Dans l'extraction de l'or du sulfure de cuivre, il faut bien se garder d'employer le procédé de fusion par le plomb, parce que dans cette opération le cuivre étant en partie réduit, l'or ayant plus d'affinité avec le cuivre qu'avec le plomb, n'est entraîné qu'en partie par ce dernier métal ; il vaut mieux donner la préférence au procédé d'amalgamation.

PROCÉDÉ D'AMALGAMATION.

Quand le minerai est très-pauvre, et qu'il est mêlé de sulfure, on lui fait éprouver un grillage avant l'amalgamation ; au contraire, quand il est très-riche, que l'or y est visible, et comme disséminé dans une gangue siliceuse, on le réduit en poudre, et on le lave pour en séparer les grains métalliques que l'on traite immédiatement par la fonte. On broie ensuite le minerai directement avec le mercure sans employer de grillage. Les vases qui servent à l'amalgamation sont ou de grands mortiers, ou plus généralement des tonneaux *(pl.* 1, *fig.* 11), ou des cuves dans lesquelles tourne un moulinet. Ces moulinets, mis en mouvement par le moyen de bras ou d'une roue hydraulique, sont agités jusqu'à ce que l'on juge que l'amalgamation est parfaite : alors on retire

Fig. 1.

Orpailleur lavant le sable aurifère.

l'amalgame, on le presse graduellement dans une peau de chamois pour en exprimer l'excès de mercure, et on soumet l'amalgame restant dans des cornues de fonte, ou autres vases distillatoires, à une chaleur capable de volatiliser le mercure qui est combiné avec l'or; ce mercure peut être recueilli avec facilité, surtout lorsqu'on emploie des

7

appareils de fonte. L'or ainsi obtenu peut contenir de l'argent, puisque le mercure a la propriété de s'amalgamer aussi avec lui, et que ces deux métaux sont souvent combinés ensemble dans la nature ; mais on l'en sépare à l'aide de l'acide nitrique ou sulfurique : cette opération se nomme le départ.

Si l'or que l'on a obtenu par l'amalgamation ne contient pas à peu près les trois quarts de son poids d'argent, ce métal comme enveloppé par l'or est mis en partie à l'abri de l'action des acides ; aussi, lorsqu'on s'est assuré que l'argent est beaucoup au-dessous de cette proportion, on ajoute de ce dernier métal en quantité suffisante pour porter l'alliage à ce titre ; c'est ce qu'on appelle *inquartation*. L'opération du départ s'est exécutée longtemps par le procédé suivant : on granule ou bien on lamine l'alliage d'or et d'argent ; on le place dans des pots de grès disposés sur un bain de sable ; ces pots ne doivent être remplis qu'au tiers de leur hauteur ; l'on y verse une égale quantité d'acide nitrique pur à vingt-six degrés ; on fait bouillir pendant une demi-heure ; on décante, et l'on verse sur le résidu une nouvelle et même quantité d'acide nitrique à trente degrés, que l'on fait bouillir comme le premier; ensuite, après avoir décanté la liqueur, on lave l'or et on le traite pendant quelques heures par le double d'acide sulfurique bouillant; cet acide dissout les dernières parties d'argent : l'or lavé est parfaitement pur : on le fond pour le mettre en lingots : le nitrate et le sulfate d'argent, provenant de cette opération. sont décomposés par des lames de cuivre. Pour que cette précipitation d'argent ait lieu assez vite, il faut avoir soin d'évaporer dans une bassine de plomb l'excès d'acide du sulfate d'argent; on opère la précipitation de l'argent en versant le nitrate d'argent dans des baquets de bois, où l'on met plusieurs lames de cuivre pour s'emparer de l'acide nitrique. Au bout de quelques jours on décante la liqueur pour achever de précipiter l'argent qui reste en dissolution, et on la fait bouillir dans une chaudière de cuivre jusqu'à concentration de la liqueur; on laisse ensuite refroidir, et l'on décante le nitrate de cuivre jusqu'à concentration de la liqueur : on laisse ensuite refroidir, et l'on décante le nitrate de cuivre formé, dont on retire l'acide nitrique par distillation; on lave alors la poussière d'argent restée dans la chaudière; on la réunit avec l'argent précipité au fond des baquets, et on fond le tout pour en obtenir des lingots.

Actuellement pour ce départ en grand

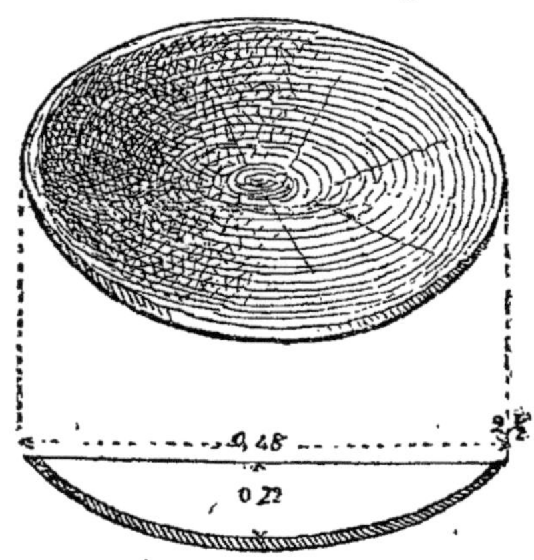

Fig. 2.
Sébille des orpailleurs.

l'on ne se sert que d'acide sulfurique concentré; l'opération se fait à chaud dans des vases de platine, disposés de manière qu'ils communiquent d'abord avec des bâches horizontales, puis avec une haute cheminée; l'eau et la chaux que contiennent les bâches absorbent le gaz acide sulfureux qui se forme; le sulfate acide d'argent est ensuite

traité comme nous l'avons indiqué précédemment.

L'or provenant du traitement par le plomb peut
encore contenir du fer, de l'étain et de l'argent; on
débarrasse l'or du fer et de l'étain, en le fondant dans
un creuset avec du nitrate de potasse, et de l'argent
par le départ.

ARGENT.

Ce métal connu de toute antiquité est
solide, blanc, très-brillant, très-malléable,
très-ductile, très-tenace, inaltérable à l'air;
par sa pesanteur spécifique il se range au
cinquième rang parmi les métaux usuels.

Les minerais d'argent sont assez nombreux; mais il n'y en a que quatre qui puissent, en raison de leur abondance, être
l'objet d'exploitations suivies et de procédés
particuliers; les autres se trouvent mélangés
avec ceux-ci, et se confondent dans le
traitement métallurgique qu'on leur fait
subir.

L'argent natif, l'argent sulfuré, l'argent
muriaté et l'argent combiné avec d'autres
métaux sont les quatre espèces de minerai
qui forment la base des exploitations d'argent
au Pérou, au Mexique, en Sibérie, en Autri-

che, en Suède, en Saxe, en France, en Espagne, etc.

Les minerais d'argent, quelle que soit leur nature, se trouvent principalement en filons dans les terrains primitifs, et dans quelques terrains intermédiaires et secondaires.

Les procédés que l'on suit pour extraire l'argent varient en raison de la nature de ses mines, de leur richesse, et des lieux où elles se trouvent; cependant ces procédés peuvent se réduire à deux méthodes principales, qui sont l'imbibition et l'amalgamation, fondées, l'une sur l'affinité que le plomb a pour l'argent quand on le met en contact et à l'état de fusion avec lui, et l'autre sur la faculté dont le mercure est doué de s'amalgamer avec l'argent; la première de ces méthodes se pratique principalement là où l'on exploite l'argent natif.

A Kongsberg, en Norwège, on dépouille le mieux possible l'argent natif de sa gangue, puis on le fond dans un fourneau d'affinage avec partie égale de plomb; on obtient ainsi un alliage de plomb et d'argent, dont on sépare ce dernier métal par la coupellation. (*Voyez* PLOMB.) La deuxième méthode est suivie au Mexique, à Freyberg en Saxe, et dans quelques autres parties de l'Allemagne ; on l'emploie même pour retirer l'argent des mattes de cuivre.

A Freyberg, le minerai est un sulfure d'argent, disséminé dans une grande quantité de pyrites de fer et de cuivre. On le traite de la manière suivante : après avoir bocardé et lavé ce minerai, on le mélange à un dixième de sel marin ; on fait sécher le mélange sur l'aire d'une chambre chauffée en dessous, et l'on procède au grillage dans un fourneau à réverbère, dont l'intérieur est divisé en trois parties : le schlich tombe dans l'une placée à un bout du fourneau, le foyer est à l'autre extrémité ; la partie intermédiaire reste vide ; on a soin de remuer souvent le minerai en le poussant vers le centre du fourneau, et pour qu'il ne se forme pas en masses et qu'il ne fonde pas, on brasse continuellement. On augmente insensiblement le feu. Les pyrites et les minerais d'argent se décomposent ; les acides abandonnent réciproquement leurs bases ; il se forme des sulfates de fer, de cuivre et de soude, de chlorure d'argent ; il se dégage beaucoup de gaz sulfureux : enfin une odeur de chlore trés-prononcée annonce que la calcination est arrivée à son terme ; on arrête, on retire le résidu du fourneau, et on fait refroidir. Le mélange grillé est ensuite tamisé, réduit en poudre très-fine, et mis dans des tonneaux traversés par un axe vertical, qui tourne au moyen d'une roue hydraulique ; ensuite, sur cent parties de poudre, l'on y ajoute cinquante parties de mercure, trente d'eau et six à huit plaques de fer, de la grandeur d'une dame à jouer ; après quoi on fait tourner les tonneaux contenant le mélange pendant seize à vingt heures. De temps en temps on examine la consistance du mélange ; il faut qu'elle soit telle qu'on puisse y faire entrer un bâton et que la pâte ne se réunisse pas. Dans cette opération le chlorure d'argent est décomposé par les plaques de fer, et donne lieu à un chlorure de fer qui se dissout dans l'eau, et à de l'argent métallique très-divisé qui s'unit au mercure. Alors on retire l'amalgame des tonneaux, on le lave et on le met dans des sacs de coutil où on lui fait éprouver une forte pression ; l'excès de mercure passe à travers, ne retenant qu'une très-petite quantité d'argent, tandis que dans le sac reste un amalgame d'argent solide que l'on moule en boules de la grosseur d'un œuf, dont on chasse le mercure en les plaçant sur des plateaux de fer ronds percés de trous et enfilés sur un axe de fer. Cet appareil, que l'on nomme trépied ou chandelier (*pl.* 1, *fig.* 12, m p n), consiste en une tige sur laquelle sont enfilés à différentes hauteurs les quatre ou cinq plateaux de fer ronds (pp) qui reçoivent l'amalgame. Ce trépied ainsi chargé est porté dans un fourneau, et placé sous une cloche en fer (D); la cloche est entourée d'un peu de charbon ou de tourbe; le mercure chassé par la chaleur se volatilise, vient se condenser, et tombe dans la partie inférieure du laboratoire qui est éloignée du feu, et qui consiste en une caisse de fer (q) continuellement refroidie par un courant d'eau. Lors de la volatilisation du mercure, il se produit un petit bruissement qui continue tant qu'il y a du mercure à se vaporiser; lorsqu'on n'entend plus rien on donne un fort coup de feu, afin de chasser les dernières portions de mercure. Après la volatilisation, l'argent reste seul sur les plateaux; cet argent n'est pas pur, on est obligé de le purifier par la coupellation.

Au Mexique, on traite les minerais d'argent de la manière suivante : ces minerais sont le plus souvent formés d'argent natif, de sulfure d'argent, d'argent rouge, d'argent antimonial, de sulfure de fer et de cuivre, d'oxyde de fer et d'un peu de silice et de chaux carbonatée.

On pratique le bocardage à sec sous des pilons, dont huit travaillent ensemblent, et sont mus par des roues hydrauliques ou par des mulets ; le minerai broyé est ensuite criblé et tamisé au travers d'un cuir percé de trous, et on en achève la pulvérisation sous des espèces de moulins à auges, où se meuvent circulairement des meules verticales de pierres très-dures

Il n'est pas toujours nécessaire d'obtenir une poudre aussi fine ; si la mine est riche on la réduit seulement en sable grossier, qu'on lave ensuite pour en séparer les grains métalliques, et les traiter par la fonte ; dans le cas contraire, on pousse la pulvérisation jusqu'au point que nous avons indiqué.

Dans l'opération du broyage au moulin à auge, comme on ajoute de l'eau à la poudre, elle se convertit en une bouillie épaisse que l'on porte dans une cour pavée de grandes dalles bien jointes ; là on y mêle, après un temps plus ou moins considérable de repos, deux ou trois centièmes de sel marin ; le mélange est abandonné à lui-même pendant quelques jours, au bout desquels on y ajoute de la chaux éteinte si le mélange s'échauffe trop, et des pyrites de fer et de cuivre grillées s'il reste froid. On ne regarde le mélange comme bien préparé que lorsque, humecté et placé sous la main, il cause une sensation de chaleur. Quelques jours après, on incorpore le mercure au mélange salé ; on en ajoute une proportion relative à la richesse du minerai. Généralement on emploie six fois autant de mercure que le mélange contient d'argent ; à cette époque, on fait une nouvelle addition de pyrites de cuivre et de fer grillées pour réchauffer la masse, et si l'on voit que le mercure prend une couleur de plomb, on en conclut que le travail marche bien. Pour faciliter encore cette réaction, on renouvelle toutes les sur-faces en faisant fouler le mélange par une vingtaine de chevaux et de mulets qu'on y fait courir en cercles plusieurs heures de suite. Chaque jour le chef de l'atelier, pour s'assurer des progrès de l'opération, fait un essai, qui consiste à laver dans une sébile une portion du mélange, et il juge par l'aspect de l'amalgame si la masse est ou trop froide ou trop chaude. Lorsque le mercure a une couleur cendrée, et qu'il se sépare en une poudre grise très-fine qui s'attache aux doigts, c'est un signe qu'il faut ralentir l'action et ajouter de la chaux; si au contraire le mercure conserve un éclat métallique, s'il reste blanc, couvert d'une pellicule rougeâtre ou dorée, si enfin il ne paraît pas agir sur la masse, il faut réchauffer en ajoutant des pyrites de fer et de cuivre grillées. Ainsi on voit que cette opération, qui se trouve modifiée par les variations de la température et par les différents minerais, peut néanmoins être dirigée presque à volonté par les additions successives de chaux et de pyrites, et aussi par le mouvement. Cette méthode est longue, car elle dure quelquefois quatre ou cinq mois. Quand on juge qu'elle est terminée, on jette cette boue métallique dans des cuves de bois ou de pierre; des moulinets garnis d'ailes tournent dans ces cuves. Les parties terreuses ou oxydées sont emportées par l'eau, tandis que l'amalgame et l'excès de mercure restent dedans. On sépare l'excès de mercure par la pression dans des sacs de coutil, et l'amalgame restant est disposé en pyramides que l'on recouvre de creusets renversés; on chauffe tout autour, le mercure s'échappe par les parties inférieures, il va se condenser dans des rigoles où on fait parcourir de l'eau froide. On reprend l'argent restant, et on le chauffe de nouveau pour séparer les dernières portions de mercure et quelques oxydes.

Dans quelques mines du Mexique, qui abondent en chlorure d'argent, on pratique l'amalgamation par le moyen de la cuisson dans des cuves de cuivre; dans ce procédé il paraît que la chaleur et le mouvement de l'ébullition déterminent l'amalgamation à se faire plus promptement.

L'on a proposé depuis peu de traiter l'argent amené à l'état de chlorure par l'ammoniaque, ou par un mélange de chaux et de sulfate d'ammoniaque; la dissolution effectuée, on précipiterait l'argent par l'acide sulfurique. Ce procédé serait beaucoup plus économique.

En Saxe, il est des mines d'argent tellement pauvres, que si l'on voulait retirer, au moyen du plomb, la petite quantité d'argent disséminée dans le minerai, il faudrait employer tant de plomb que les frais de l'opération l'emporteraient de beaucoup sur le produit de la vente du métal; il est donc nécessaire de concentrer cet argent sous un plus petit volume, au moyen de matières moins chères. Le fer sulfuré est l'intermédiaire qu'on emploie lorsque le minerai n'en contient pas assez.

On fond dans un haut fourneau enduit à l'intérieur d'une brasque forte, composée d'une partie de poudre de charbon et de deux parties de terre glaise humide; c'est principalement le creuset du fourneau, son bassin de réception et celui de percée que l'on recouvre de cette brasque; cette opération se nomme fonte crue, et son produit matte crue. Dans cette opération, la pyrite que l'on a ajoutée à la mine maigre entraîne dans sa fusion les métaux et les sulfures métalliques contenant de l'argent, et de là résulte de la matte crue, des scories et des oxydes de fer, de cuivre, etc., etc.

Cette matte crue est grillée à plusieurs reprises pour en séparer le soufre et en oxyder les sulfures, puis fondue une seconde fois, après y avoir ajouté une nouvelle portion de minerai. Par ce moyen, on augmente sa richesse ; ordinairement même on la fond une troisième fois avec du plomb, du minerai plus riche, quelques fondants terreux : cette troisième fonte commence à donner du plomb argentifère ; mais elle donne en même temps des mattes de plomb que l'on grille de nouveau, et qu'on refond avec du plomb. Le plomb argentifère obtenu de ces différentes opérations est ensuite coupellé.

Il paraît que dans certaines opérations l'on commence à préférer le plomb au mercure. Si le minerai est très-riche en soufre, on le grille en tas ou dans un fourneau à réverbère ; ensuite on le mêle avec du sous-carbonate de soude, de l'oxyde de plomb, et quelquefois du plomb métallique ; l'on humecte le mélange, et on le traite dans une espèce de fourneau à manche. L'on obtient ainsi des scories composées des métaux étrangers et des terres, et une matte très-riche en argent d'où l'on extrait le métal.

Nous renvoyons aux articles cuivre et plomb pour connaître les moyens que l'on emploie pour retirer l'argent de ces métaux.

PLATINE.

Le platine, ou or blanc, a été découvert, en 1735, par don Antonio de Ulloa, géomètre espagnol; c'est un métal sol de, presque aussi blanc que l'argent, très-brillant, tenace, très-ductile et très-malléable; assez mou, lorsqu'il est pur, pour se laisser couper avec des ciseaux; il est le plus pesant de tous les métaux; infusible à nos feux ordinaires, et n'est attaqué que par quelques corps chimiques.

Les minerais de platine sont peu répandus : on ne les a encore rencontrés qu'au Pérou, au Brésil, à Saint-Domingue, en Russie, et à Guadalcanal en Espagne, où il est allié au cuivre argentifère. Dans l'Amérique, il se trouve en paillettes plus ou moins grosses, dans un terrain d'alluvion aurifère : le sable qui renferme le platine est remarquable par le nombre et l'importance de ses principes constituants; l'on y trouve des hyacinthes, du quartz, du platine, de l'or, de l'argent, du mercure, du fer, du cuivre, du chrôme, du titàne, de l'iridium, de l'osmium, du rhodium, du palladium. Ces douze métaux existent souvent dans le platine lavé qui est envoyé en Europe, mais plusieurs sont combinés, et les autres simplement mélangés.

Le platine se rencontre encore, mais rarement, en pépites d'un volume plus ou moins considérable.

Le platine en grains, tel qu'il se trouve dans la nature, est d'un blanc-grisâtre-livide, et tirant quelquefois sur le jaune. Exposé pendant plusieurs jours au feu de verrerie, il ne s'y fond pas; seulement les grains se ramollissent un peu, et contractent une faible adhérence.

C'est du platine brut que l'on extrait ce métal précieux. A cet effet, on fait dissoudre par la chaleur la mine en grains dans l'eau régale, formée d'une partie d'acide nitrique et de trois d'acide hydrochlorique; on décante et on ajoute de nouvelle eau régale en chauffant aussi peu que possible, jusqu'à ce qu'elle n'ait presque plus d'action sur le résidu qui se présente sous l'apparence d'une matière noire; réunissant ensuite toutes les dissolutions, on les concentre pour en chasser l'excès d'acide et faire cristalliser par le refroidissement : alors on étend la dissolution de dix à douze fois son poids d'eau pure, et on y verse un excès de dissolution de sel ammoniac saturée à froid ; ce sel se combine avec celui de platine, contenu dans la liqueur, et forme un sel double d'ammoniaque et de platine. Ce sel double est jaune et très-peu soluble ; il se précipite de suite ; on le recueille sur un filtre et on le lave convenablement. C'est de ce sel double qu'on extrait le platine : à cet effet on le calcine jusqu'au rouge dans un creuset ; le sel ammoniac se sublime, celui de platine se réduit, et le platine reste sous forme de masse spongieuse que l'on peut forger en le soumettant avec précaution à l'action du marteau. L'on obtient encore le platine en masse compacte, en comprimant avec force le sel double d'ammoniaque et de platine, pendant qu'on le calcine et qu'on le réduit. On peut encore l'obtenir en masse en chauffant fortement le précipité enveloppé dans une feuille de platine, et en le soumettant à l'action du marteau : on le forge en lingots.

Quoique infusible à nos feux de forge le platine a cependant la propriété, à une chaleur blanche, de se souder par l'action du marteau. Il ne partage cette propriété qu'avec le fer ; de sorte que, par cette propriété, on peut, au moyen de lingots de platine, former toutes sortes d'instruments, sans être obligé de l'allier avec d'autres métaux, comme cela se pratiquait il y a quelques années par le procédé suivant, qui était principalement employé dans les ateliers de M. Jeannetty, et que l'on pratique encore dans quelques pays. On allie le platine brut avec la huitième partie de son poids d'arsenic, l'on fond ce mélange, et l'on coule l'alliage sous forme de plaques ou de lingots peu épais. On expose ensuite ces lingots à l'action de l'air et en même temps de la chaleur rouge-brun, puis de la chaleur rouge cerise, de la chaleur rouge-rose, et enfin de celle rouge-blanc. L'arsenic, qui d'abord s'était uni au platine, s'en dégage, et le platine reste en état d'être forgé et travaillé de diverses maniè-res.

M. Pelletier avait proposé aussi d'unir le platine au verre de phosphore et au charbon pour pouvoir le travailler, et de volatiliser ensuite le phosphore ; mais il reconnut que les dernières parties de ce corps ne s'en dégageaient que très-difficilement.

FER.

La découverte du fer remonte aux temps les plus reculés. C'est un métal solide, dur, à gros grains ou un peu lamelleux, d'un blanc grisâtre ou bleuâtre, ductile et malléable, acquérant beaucoup d'éclat par le poli, communiquant aux doigts par le frottement une odeur particulière, et laissant l'impression d'une saveur styptique lorsqu'on le met sur la langue ; par sa pesanteur spécifique, il se range au neuvième rang parmi les métaux usuels.

A l'air sec, le fer ne s'altère pas ; exposé à l'air humide, il se recouvre d'une croûte jaune, appelée rouille, qui est un oxyde de fer.

Le fer oxydulé se trouve en cristaux et à l'état lamellaire, granulaire et terreux. La consistance de ce minerai est telle que sans être ductile il cède facilement à la percussion. Son magnétisme est plus sensible que celui des autres minerais. Il est d'un gris sombre, et jouit ordinairement de l'éclat métallique. La couleur de sa limaille est noire et sa cassure conchoïde. La variété terreuse est d'un brun noirâtre. Elle est insoluble dans l'acide nitrique.

Le fer oxydulé et le fer oligiste se distinguent en ce que la poussière du premier est décidément noire ; celle de l'autre a une teinte de rouge. Les petits fragments de fer oxydulé auxquels on présente un barreau aimanté, s'élancent vers lui, même avant le contact ; ceux du fer oligiste ne sont pas enlevés même au contact.

Le fer oligiste est en cristaux, ou sous les formes compacte, laminaire, et spéculaire. La couleur de ce minerai de fer est le gris d'acier, et il a quelquefois un éclat très-vif. Mais quelque noir qu'il paraisse, on distingue toujours que sa poussière est plus ou moins rougeâtre. Sa cassure est raboteuse et terreuse dans certaines variétés. Quoique fragile, le fer oligiste est assez dur pour rayer le verre. Il fait mouvoir faiblement le barreau aimanté. Traité au chalumeau avec le borax, il communique à ce sel une teinte d'un vert sombre.

Le fer oligiste se distingue du fer oxydulé par les caractères que nous avons indiqués à l'article précédent. Il se distingue du cuivre gris en ce que la poussière de celui-ci est noire et qu'ils n'a aucune action sur le barreau aimanté. Le même caractère le différencie du plomb sulfuré compacte.

Le fer oxydé rouge constitue les variétés luisantes, hématite, compacte et ocreuse. La première variété est d'un rouge tantôt vif, tantôt sombre, mais son aspect est luisant et quelquefois même métallique : elle est onctueuse au toucher, et tache les doigts en rouge. La deuxième variété est ordinairement d'un rouge brun ; mais sa poussière est constamment rougeàtre. Elle est solide, compacte et même dure ; elle acquiert par le frottement d'un corps dur, un éclat presque métallique. Sa structure est fibreuse. La troisième variété est d'un rouge assez vif ; elle est compacte, et sa cassure est unie ou conchoïde. Sa poussière est toujours rouge.

Le fer oxydé hydraté se rencontre a l'état fibreux, compacte, géodique, granuleux, terreux, mamelonné et cloisonné. Ce minerai est brun, jaunâtre, jaune-brunâtre et quelquefois noir ; réduit en poudre, il est d'un jaune plus ou moins foncé. Lorsqu'on le lime, il acquiert souvent un éclat métallique. Quelques variétés rayent légèrement le verre et ont une cassure luisante. Le fer hydraté acquiert le magnétisme par la chaleur. Il est fusible au chalumeau, avec addition de borax, en un verre jaunâtre.

Le fer carbonaté spathique ou mine d'acier, se rencontre dans la nature cristallisé, laminaire, lamellaire et quelquefois concrétionné. Ce minerai a la structure lamelleuse; sa couleur est le gris plus ou moins clair, le jaune sale, et le brun clair et foncé. Il brunit sans se fondre au chalumeau, mais il devient attirable à l'aimant. Il brunit et ne fait qu'une légère et lente effervescence dans l'acide nitrique. Les variétés blanches de ce minerai brunissent par l'exposition plus ou moins longue à l'air.

Le fer carbonaté terreux a reçu des minéralogistes différents noms, tels que ceux de fer carbonaté lithoïde, fer carbonaté des houillères, fer carbonaté argileux, fer carbonaté argilobitumineux et proto-carbonate de fer. Les mineurs suivant les différents pays où ils se trouvent le momment *clau, claias, pierre d'enfer et ironstone.* La couleur de ce minerai est le gris jaunâtre, le rouge de brique, le brun, et le noir parfait. Sa surface est rude, matte et communément recouverte d'un ocre de fer. A l'intérieur, il est mat rarement présentant des points brillants ; il contient souvent dsns son intérieur, des empreintes de coquilles et de végétaux, du sulfure de fer, de la chaux carbonatée, du quartz et quelquefois du zinc sulfuré, du plomb sulfuré, du fer carbonaté et de la baryte sulfatée. Sa cassure est à grains fins, ordinairement terreuse, conchoïde et quelquefois schisteuse. On trouve des carbonates de fer terreux qui sont formés de grains cimentés ensemble par une argile bitumineuse noire ou grise ; ces grains varient depuis la grosseur d'une tête d'épingle jusqu'à celle d'un gros pois.

Réduit en poudre il est d'un gris plus ou moins foncé. Il a une odeur argileuse et happe à la langue. Il se réduit au chalumeau, en un oxyde rouge-brun attirable à l'aimant.

En fragments minces ce minerai est assez fragile ; mais arrondi et réduit à un petit volume, il résiste considérablement au marteau.

Ce minerai pourrait quelquefois être confondu avec du calcaire compacte ou avec des argiles endurcies, mais on peut l'en distinguer par sa pesanteur et par la propriété qu'il a de devenir d'un rouge-brun lorsqu'il a été calciné.

Les minerais de fer, répandus sur la terre avec une bienfaisante profusion, s'offrent sous des formes très-variées ; ils sont unis aux autres minéraux dans des proportions si différentes, qu'il est souvent très-difficile de déterminer les limites qui séparent les minerais de fer de ceux qui ne contiennent ce métal que comme principe accessoire.

Il n'y a pas de pays qui n'ait des mines de fer, et il y en a même peu qui n'en possède un grand nombre. Les principales mines de fer existent en Allemagne, en Suède, dans la Belgique, en Espagne, en Norwège, en Sibérie, en Angleterre, en France, etc.

Les minerais que l'on exploite dans ces pays sont très-variables ; mais en général ce sont du fer oxydulé, du fer oligiste, du fer oxydé rouge, du fer oxydé hydraté, et du fer carbonaté, spathique ou terreux.

Le fer oxydulé paraît appartenir exclusivement aux terrains primitifs ; il s'y trouve en filons puissants ou même en couches ; il y forme quelquefois des montagnes entières ; telle est celle du Taberg en Suède ; d'autres fois il fait partie constituante des roches, ou compose la plus grande partie de certains amas sablonneux qui se rencontrent dans quelques vallées ei sur le bord des fleuves ou des torrents.

Le fer oligiste se rencontre dans les terrains primitifs et intermédiaires ; on le rencontre aussi dans les terrains volcaniques ; mais il paraît que celui qui provient de ce gisement n'est pas susceptible d'exploitation.

Le fer oxidé rouge appartient plus particulièrement aux terrains intermédiaires, secondaires, tertiaires d'alluvion. On le rencontre, mais assez peu abondant, dans quelques terrains primitifs. Ce minerai se rencontre dans les roches en filons, en couches puissantes et en amas.

Le fer oxidé hydraté se présente dans tous les terrains, et principalement dans ceux d'alluvion. Dans ces différents gisements il se trouve en filons, en couches et amas, et en très-petites masses isolées dans les rochers, etc., etc.

Le fer carbonaté spathique diffère tellement du fer carbonaté terreux ou lithoïde, qu'il est nécessaire de ne pas les confondre dans leurs gisements ; le fer carbonaté spatique se trouve en amas puissants ou en filons très-considérables dans les terrains primitifs et surtont dans ceux qui sont formés de gneiss.

Le fer carbonaté terreux ou lithoïde porte quelquefois le nom de fer carbonaté argilo-bitumineux ; il se rencontre dans les terrains secondaires, et principalement dans les terrains houillers, où on le trouve au milieu des psamnites, des argiles schisteuses ou de la houille elle-même ; il y forme des masses arrondies, aplaties et isolées, ou des couches continues, composées de la réunion des masses plus ou moins cuboïdes ou polydriques, et qui sont quelquefois schisteuses. C'est de ce minerai des houillières que les Anglais font un usage presque exclusif pour obtenir le fer métallique.

Les minerais de fer, considérés sous point de vue de leur traitement métalique, doivent être divisés en deux sortes seulement : 1° les minerais terreux ; 2° les minerais en roche.

Les premiers comprennent les hydrates et les carbonates terreux ; les seconds sont le fer oxydulé, le fer oligiste. le fer oxydé et le fer carbonaté spathique.

Les premiers n'ont jamais besoin d'être grillés, il faut seulement quelquefois les laver ; ce lavage a pour but d'enlever les terres argileuses ou calcaires qui les enveloppent. Si ces minerais sont en masse solide on les bocarde, et on fait passer en même temps sous les pilons du bocard un courant d'eau qui entraîne les terres.

Quelquefois, lorsque les mines ont été bocardées, ou lorsqu'elles sont naturellement friables, on les lave complètement ou dans des fosses ou dans des lavoirs particuliers, qu'on nomme patouillets ou égrappoirs. Les mines terreuses, qui ont besoin d'être lavées, peuvent être amenées par l'un de ces moyens au degré de pureté nécessaire pour qu'elles soient fondues avec le plus d'économie possible.

Les minerais en roches ne sont ni lavés ni même bocardés, mais presque tous ont besoin d'être grillés ; il paraît que le but de ce grillage est différent selon les espèces de minerais qui y sont soumises ; il a en général pour objet principal de rendre le minerai plus friable, de dégager le soufre ou l'arenic de ceux qui en contiennent, l'eau de cristallisation du fer, carbonaté spathique, etc.

On laisse souvent ce dernier minerai long-temps exposé à l'air, avant et mieux encore après le grillage ; il devient alors plus fusible, M. Descotils, ayant observé que la magnésie est la terre qui rend réfractaires les minerais de fer carbonaté spathique, pense qu'une longue exposition à l'air et à l'eau les débarrasse de cette terre, tantôt parce que l'eau enlève le sulfate de ma-gnésie qui s'est formé dans le grillage au moyen du soufre des pyrites, tantôt parce que l'eau entraîne peu à peu le carbonate de magnésie ; dans ce dernier cas il faut que l'exposition à l'air dure plusieurs années.

Comme les minerais de fer ne contiennent pas de matières combustibles, on est obligé de les griller en tas avec du bois, ou bien dans des fourneaux à réverbère, ou sembla-bles à peu près à ceux dans lesquels on cuit la chaux. En Allemagne et en France, on se sert avec avantage du fourneau décrit à l'art. GRILLAGE (*pl.* 4, *fig.* 1, 2, 3, 4). Au reste, dans toute espèce de fourneau de grillage on peut employer comme combustible du bois de la houille, du coke, et même quelque-fois de la tourbe.

Les minerais de fer en roche n'ont cependant pas toujours besoin d'être grillés ; les fers spathiques de quelques parties du Tyrol et de la Styrie peuvent se passer du grillage. On peut également négliger cette opération pour la plupart des minerais destinés à être fondus dans des hauts fourneaux de dix à douze mètres de hauteur ; le temps qu'ils mettent à descendre du gueulard jusqu'au fond du fourneau leur tient lieu d'un grillage particulier.

Les minerais de fer qui ont subi ces opérations sont disposés à être fondus.

Dans l'opération de la fusion de ces minerais, ainsi préparés et amenés par le grillage à l'état d'oxyde, il se passe deux phénomènes bien distincts : 1° la réduction de l'oxyde en métal, au moyen du carbone qui s'empare de l'oxygène et passe à l'état d'acide carbonique ou d'oxyde de carbone ; 2° la séparation des matières terreuses qui se vitrifient et surnagent sous forme de scorie, tandis que la substance métallique, spécifiquement plus pesante, tend toujours à se réunir dans la partie basse du fourneau où l'on opère cette fusion. Pour atteindre ce double but on fond ordinairement les minerais de fer dans des fourneaux très-élevés, qui sont des espèces de pyramides creuses, dans le vide desquelles l'on jette le minerai et le charbon, de manière que l'un se trouve en contact avec l'autre, et que le charbon, en s'emparant de l'oxygène du minerai, le réduit à l'état de métal non pas pur, mais déjà propre à une multitude d'usages.

Ces grands appareils pour fondre les minerais se nomment hauts fourneaux, parce qu'en effet leur élévation est souvent très-considérable ; le feu qu'on y allume est excité par le jeu des soufflets, ou par le vent des trompes ou par des pompes soufflantes (*pl.* 3, *fig.* 2, 3, 4)· Le vent qui se dégage des différentes machines met toute la colonne de charbon et de minerai en combustion, et projette la flamme beaucoup au-dessus de l'orifice supérieur du fourneau par lequel on charge alternativement le minerai, le combustible et le fondant.

La hauteur des hauts fourneaux varie depuis six jusqu'à dix-huit mètres ; ce qui doit déterminer cette différence dans l'élévation c'est la qualité du combustible que l'on emploie, et la quantité d'air que peut fournir la machine soufflante. Si l'on se sert de charbon de bois, la hauteur du fourneau ne devra pas excéder douze mètres, en admettant même que le charbon soit produit par de bon bois, et que la machine soufflante ait la force nécessaire; mais si l'on emploie le coke, ce combustible donnant beaucoup plus de chaleur que le charbon de bois, le fourneau pourra avoir jusqu'à vingt mètres. La forme des différentes parties de ces fourneaux et leurs dimensions respectives sont de la plus haute importance pour le succès des fontes qu'on y fait; la figure que nous donnons indique les dimensions qui sont le plus ordinairement suivies *(pl. 3, fig. 1, I, II, III)*. Les diverses parties qui composent ces fourneaux sont fort nombreuses; on ne parlera ici que des principales.

Les hauts fourneaux devant avoir une grande solidité sont élevés sur de bons fondements, ou sur des pilotis surmontés d'un double grillage en charpente (H). Leurs murailles, ordinairement très-solides et épaisses, sont percées de canaux *(aa)* pour l'évaporisation de l'humidité, et armées de barres de fer reliées à l'extérieur par des ancres. Quant à l'intérieur, il est ordinairement doublé d'une chemise en briques ou en pierres réfractaires (B); cette chemise est séparée des murs extérieurs par une couche de sable ou de scories pilées (D).

Le foyer et le laboratoire sont renfermés et comme confondus dans la même cavité; il n'y a pas de cheminée proprement dite; la cavité moyenne (L) du fourneau a généralement la forme de deux cônes tronqués opposés base à base, ou d'un ellipsoïde. Elle porte le nom de *cuve*; elle se termine inférieurement par une cavité conique, ou cylindrique, ou prismatique, que l'on nomme *creuset* : c'est dans cette cavité que doit se réunir le métal fondu. On y remarque trois sortes d'ouvertures; une (*o*), ou plusieurs, par lesquelles s'introduit l'air destiné à exciter le feu; une autre (*mi*) placée vers le bord supérieur du creuset, et par où doivent sortir les laitiers ou scories, en s'écoulant sur une plaque de fonte inclinée, que l'on nomme *dame* (*m*); une troisième (*p*) qui est pratiquée au fond même du creuset, et qui est destinée à laisser sortir le métal fondu lorsqu'on la débouche.

Le creuset s'évase à sa partie supérieure pour se réunir à la grande cavité du fourneau; cet évasement (*efgh*) porte le nom d'*étalages*. Ces étalages doivent avoir une pente très-raide pour faciliter la fonte dans les fourneaux à charbon de bois; elle doit l'être beaucoup moins dans les fourneaux à coke. La grande cavité, ou *cuve* (L), se rétrécit insensiblement jusqu'à l'ouverture supérieure et circulaire du fourneau que l'on appelle *gueulard* (G). Le creuset et les étalages pris ensemble sont désignés sous le nom d'*ouvrage*.

Lorsque le fourneau est préparé et bien séché, on le charge par le gueulard d'un mélange composé de minerai, de combustible, et quelquefois d'un fondant terreux qui est argileux ou calcaire, selon la nature du minerai ; si le minerai est très-argileux, et c'est le cas le plus ordinaire, on y ajoute de la pierre calcaire, ou *castine*. Lorsque la mine est trop calcaire, on y ajoute une terre argileuse ou *erbue*.

Le combustible employé pour fondre les minerais de fer dans ce fourneau est du charbon de bois ou bien du coke ; mais dans ce dernier cas le fourneau doit être, comme nous l'avons dit, très-élevé : il ne diffère du reste que très-peu du fourneau à charbon de bois.

Il n'est pas possible de déterminer d'une manière générale les proportions dans lesquelle son doit mêler le minerai, le fondant et le charbon. Cependant, en supposant le sac le plus simple, on peut indiquer les proportions suivantes : minerai terreux : 038; castine : 0,09 à 0,12; charbon : 0,33; ou coke; 0,38, Le vent qui active le feu dans ce fourneau est introduit par une seule tuyère lorsque la fusion se fait au charbon de bois; mais il y a deux tuyéres qui dans ce cas sont toujours opposées, et quelquefois trois dans les fourneaux où l'on emploie le coke.

A mesure que le charbon se consume, et que le minerai et ses mélanges terreux se fondent, la masse qui est dans le fourneau s'affaisse, et, si le travail va bien, elle doit descendre lentement et également. Le minerai chauffé, et comme préparé dans la partie supérieure du haut fourneau, est complètement fondu en arrivant devant la tuyère; l'oxyde de fer, en partie réduit, se combine avec du carbone, et passe à l'état de fonte; devenu alors d'une pesanteur spécifique plus considérable que celle des terres vitrifiées qui l'accompagnent, le fer les abandonne, coule, et se rassemble au fond du creuset; l'argile, la silice, la chaux, et quelquefois le manganèse des gangues, le tout mêlé d'oxyde de fer, forme un émail ou scorie qui nage sur la fonte, et gagne bientôt les bords du creuset. Ce verre opaque est plus ou moins coloré en brun ou en vert; il a la cassure vitreuse, et porte le nom de laitier; il est tiré à travers l'ouverture pratiquée au bord supérieur du creuset au moyen de ringards, et s'écoule le long de la dame. Les ouvriers placés au gueulard chargent le fourneau au fur et à mesure que la masse descend.

Lorsque le creuset est plain de fonte, ce dont on peut juger par le nombre de charges et l'abondance du laitier, ou par la fonte qui déborde avec le laitier, on arrête le vent et on se prépare à faire la coulée, c'est-à-dire à déboucher le creuset par le trou du fond, qui n'est bouché qu'avec de la brasque forte; aussitôt la fonte s'écoule, et va remplir soit les moules, soit un simple sillon triangulaire que l'on a tracé dans le sable du sol de la fonderie. L'on obtient ainsi des *gueuses* et des masses de fonte; on bouche ensuite la percée et on continue le fondage. La fonte obtenue par l'opération que l'on vient de décrire est une combinaison de fer, d'oxygène et de carbone; mais ces trois principes variant dans leurs proportions donnent des qualités de fonte très-différentes.

Il existe deux qualités principales de fonte ; la fonte blanche et la fonte grise. Quelquefois on les obtient en soumettant aux mêmes procédés des minerais différents ; souvent les circonstances seules de la fusion décident de l'espèce de la fonte.

La fonte naturellement blanche a la cassure lamelleuse et rayonnée ; elle est d'un gris blanc, très-brillante, plus dure, plus cassante, plus fusible que la fonte grise. Cette fonte blanche est souvent produite par le refroidissement instantané de la fonte grise. Les minerais de fer manganésiers traités dans un haut-fourneau donnent presque toujours de la fonte blanche.

Cette fonte, peu propre à la confection des objets moulés, perd facilement sa nature de fonte, et passe à l'état de fer malléable : c'est aussi celle qui donne le meilleur acier naturel.

La fonte grise est d'un gris tirant sur le noir ; elle n'est pas lamelleuse, mais grenue ; son grain est assez fin et brillant, elle est moins dure et moins fusible que la blanche, mais plus tenace, difficile à casser, et pouvant se limer et se forger. Si on la refond et qu'on la refroidisse lentement elle conservera toutes ses propriétés. Cette fonte passe difficilement à l'état de fer; aussi est-elle employée de préférence à la confection des objets moulés.

Entre ces deux espèces bien différentes il existe des fontes qui réunissent à la fois des parties blanches et grises. Cette espèce de fonte connue sous le nom de fonte truitée, forme le passage de la fonte grise à la fonte blanche. Elle est très-estimée.

L'on croyait généralement il y a peu d'années que la différence de couleur et de propriétés que l'on rencontre dans ces deux espèces de fonte était due à la quantité de carbone qu'elles renfermaient: l'on pensait que la fonte blanche contenait moins de charbon que la fonte grise. Les expériences récentes de M. Karsten ont prouvé que l'on était dans l'erreur sur tous ces points; ainsi que la fonte blanche était plus chargée de charbon que la noire, mais que dans cette fonte le charbon était combiné avec toute la masse du fer, tandis que le charbon dans la fonte noire était à l'état de GRAPHITE ou d'une espèce de plombagine qui conserve sa couleur foncée. Ainsi les changements d'état de la fonte causés par un refroidissement subit, sont le résultat de ce que le carbone passe à l'état de graphite, ou de ce que le graphite se décompose.

La fonte n'est qu'un passage du minerai de fer au fer métallique. Elle demande pour acquérir toute la propriété de ce métal à être privée du carbone et de l'oxygène qui sont combinés avec le fer, et du laitier qui lui est mélangé. On nomme *affinage* l'opération d'amener la fonte à l'état de fer.

La forge ou fourneau d'affinage ordinaire, qui porte aussi le nom d'affinerie d'ouvrage, de renardière, ressemble au premier aspect aux forges des serruriers (*pl.* 1 *fig.* 5, A. B); elle est composée d'une aire élevée d'un pied environ au-dessus du sol de l'atelier, d'une cheminée en hotte qui le recouvre, d'un espèce de garde-feu de briques qui descend obliquement de la hotte vers un des jambages de la cheminée ; ce mur, qui n'est pas figuré dans cette planche, est souvent omis, mais il sert à garantir les ouvriers de la trop grande ardeur du feu. Une cavité carrée (C), garnie de plaques de fonte très-épaisses, est pratiquée dans l'aire du fourneau ; elle est destinée à servir de creuset, et de forts soufflets dirigent leur vent dans cette cavité.

La tuyère (t) des soufflets s'appuie sur une des plaques du côté (a) nommée *varme*; celle qui est en face porte le nom de *contre-vent* (v) ; celle qui est à gauche de la tuyère s'appelle *rustine* (r), enfin celle qui est à droite (k) ou en face de la rustine est percée d'un trou (e) destiné à la sortie des laitiers; cette ouverture porte le nom de *chio* ou laiterol : souvent le fond du creuset et la face de la rustine sont en pierres très-réfractaires. Les dimensions de ce foyer sont de la plus haute importance; la profondeur décide de la facilité avec laquelle la fonte se coagule ; aussi se sert-on de foyer plus profond pour affiner la fonte blanche que pour la grise ; le fond, ordinairement horizontal, doit être légèrement incliné vers la tuyère quand on affine une fonte très-grise, et vers le contrevent si la fonte a de la facilité à se coaguler.

Pour affiner la fonte on commence par remplir les cavités avec de la poussière de charbon que l'on recouvre jusqu'au haut de charbon de bois ; la gueuse à affiner, placée sur des rouleaux, est avancée sur l'aire au-dessus du creuset ; son extrêmité est recouverte de charbon de bois allumé, et le feu est bientôt porté à un haut degré d'intensité par le vent des soufflets. La fonte ne tarde pas à entrer en fusion ; elle coule dans le creuset ; on la maintient quelque temps dans cet état ayant soin de diriger le vent des soufflets sur sa surface ; on écarte même les scories qui abritent le bain du contact de l'air. L'objet de cette pratique est de faire brûler le carbone contenu dans la fonte, et pour hâter cette combustion on remue continuellement avec un ringard ; en général plus le vent est rasant, plus la fonte passe promptement à l'état de fer ductile ; mais aussi plus il y a de déchet. A mesure que le charbon est brûlé par l'oxygène du fer et par celui de l'atmosphère, le fer passe à l'état métallique et devient moins fusible : il se forme dans le bain de fonte des grumeaux de fer que l'ouvrier cherche à réunir en une seule masse poreuse, et à rapprocher de la face du contrevent ; de temps à autre il la soulève avec un ringard, en la présentant quelque temps à l'air ; ensuite l'affineur tient la masse au-dessus de la tuyère, et enlève avec un second ringard les scories qui garnissent le fond du creuset; puis, replace le fer au milieu du combustible, et donne un fort coup de feu qui achève l'épuration du métal. Lorsque la loupe est d'une grosseur convenable on la tire du creuset avec une grande tenaille, et on la roule sur une plaque de fonte qui recouvre le sol de l'atelier ; ensuite des ouvriers la frappent avec de lourds marteaux, font suinter le laitier abondant qui tenait ses parties séparées, et lui donnent une forme à peu près sphérique ; cette opération s'appelle fouler la loupe. On la porte alors sous le martinet pour commencer à la forger, et cette autre opération, que nous regarderons comme la première, se nomme le cinglage de la loupe.

La loupe, cinglée sous le martinet, et continuellement retournée par l'ouvrier chargé de cette opération, prend la forme d'un prisme que l'on nomme *pièce*. On reporte la pièce au feu, en la tenant sous le vent des soufflets au moyen de fortes tenailles. Lorsqu'elle est suffisamment chaude on la place sous le martinet, et on ne frappe que sur le milieu de la pièce ; elle s'allonge et s'amincit dans cette partie, en conservant une masse à chacune de ses extrémités ; elle porte alors le nom d'encrenée.

L'encrenée est de nouveau portée au feu, et forgée de manière qu'une des masses de ses extrémités disparaissent ; alors elle représente une large bande de fer terminée d'un seul côté par une masse, et elle prend le nom de maquette.

La maquette éprouve un quatrième feu ; on chauffe, et elle est encore remise sous le martinet ; la masse qui restait disparaît ; la bande ou barre de fer est forgée et livrée au commerce.

Dans les pays où le bois est rare, comme en Angleterre, on affine la fonte avec le même combustible qui sert à fondre le minerai, c'est-à-dire avec de la houille ; mais ce procédé exige des manipulations tout-à-fait différentes de celles que l'on vient d'indiquer. La méthode ordinairement employée consiste à faire subir à la fonte une première fusion dans des affineries ordinaires chauffées avec de la houille épurée ; cette opération la dispose à l'affinage en la faisant passer à l'état de fonte blanche ;

cette fonte, réduite en petites masses, est placée sur l'autel d'un fourneau à réverbère chauffé avec de la houille crue, bientôt la matière se liquéfie, et forme sur la sole du fourneau un bain que l'on brasse continuellement pour aérer. Le carbone brûle à sa surface avec une flamme bleue ; on y jette du sable à plusieurs reprises pour que les scories se forment plus facilement ; le fer commence à se coaguler. Alors on brasse vivement avec le ringard, et on réunit en plusieurs loupes le fer qui se revivifie. Ces loupes sont ensuite étirées sous le martinet ou entre des cylindres cannelés, dont les hoches vont en diminuant de diamètre, de sorte que ces espèces de laminoirs produisent d'une manière très-accélérée des fers de petits échantillons qui auraient exigé par les procédés ordinaires un travail long et une grande consommation de combustible. L'affinage à la houille et l'étirage au cylindre sont maintenant pratiqués dans plusieurs départements de la France et dans quelques établissements des pays voisins.

Lorsque la fonte provient du fer oxydé hématite, et surtout du fer carbonaté spathique, elle est susceptible de donner de l'acier. Ce changement se produit et s'opère en évitant de brûler le carbone qu'elle renferme ; et on y parvient en donnant moins de vent et dirigeant la tuyère des soufflets, de manière à ce que le jet rase la surface du bain, en agitant peu la matière fondue, et la couvrant toujours par des scories, de manière à l'abriter du contact de l'air.

MÉTHODES EMPLOYÉES POUR OBTENIR LE FER DIRECTEMENT DES MINERAIS.

Bien que les procédés employés pour obtenir le fer directement des minerais soient très-nombreux, on peut cependant les réduire à deux bien distincts qui comprennent tous les autres. Dans la première manière d'opérer, ils sont soumis à une véritable fusion, et l'on obtient par suite une masse de fer que l'on peut regarder comme un produit intermédiaire entre la fonte et l'acier, et qui contient une partie de fer malléable. La purification nécessaire pour amener cette combinaison à l'état de fer est très-coûteuse, tant à cause de la grande quantité de charbon que l'on brûle, que par le déchet considérable qui a lieu dans la masse métallique : aussi cette méthode est-elle peu employée, et n'est restée en usage que dans les pays où le bois et les minerais sont très-abondants, comme en Norwège, en Carinthie, etc. On se sert pour cette opération de fourneaux connus sous le nom de fourneaux à masses, nom qu'ils doivent à la masse de fer qui se rassemble dans leur partie inférieure ; leur hauteur est de trois ou quatre mètres, depuis le gueulard jusqu'à la sole ; leur forme est semblable à un cône tronqué, dont la base serait en bas. Ils sont donc plus étroits au gueulard que près de la tuyère ; leur diamètre à la hauteur du foyer est de 0,80 cent. à 1 mètre 10 cent. Souvent on se sert de la même embrasure pour le travail et le passage de la tuyère ; alors on bouche le bas de cette ouverture avec des briques et de la terre glaise, en ne laissant que la place nécessaire pour le passage des soufflets et l'écoulement des scories. Les minerais que l'on veut traiter par ce procédé doivent préalablement être soumis à un grillage qui en dégage toutes les substances volatiles. Ce grillage s'exécute soit à l'air libre soit dans des fourneaux.

Pour opérer dans un fourneau à masse, on commence par le remplir de charbon ; on bouche la coulée, on allume le feu à la partie inférieure, et on met les soufflets dans l'ouverture : aussitôt que tout le combustible est enflammé, on charge le minerai en mettant une couche de minerai et une couche de charbon, et continuant ainsi alternativement, jusqu'à ce qu'on soit parvenu à la hauteur convenable. Le minerai s'affaisse et descend ; dès qu'il est arrivé devant la tuyère, on retire les soufflets, on fait couler le laitier, et le fer se rassemble au fond du fourneau en une masse ; à mesure qu'elle augmente, on relève successivement le mur qui bouche le trou de la coulée ; et quand on juge que la quantité de fer rassemblée dans le fond du fourneau est suffisante, on arrête les soufflets, on enlève les scories, et, après avoir renversé le petit mur de briques qui ferme l'ouverture, on fait sortir la masse de fer à l'aide de ringards et de crochets.

Cette masse est battue sous les marteaux, jusqu'à ce qu'on en puisse former un gâteau de huit à dix centimètres d'épaisseur ; on coupe ensuite ce gâteau en deux morceaux, qu'on soumet à une nouvelle opération, qui consiste à traiter ces masses dans des affineries particulières garnies de brasques, et dans lesquelles le vent frappe le minerai à la surface du bain, de manière à acidifier le carbone. La masse, mise dans la mâchoire d'une forte tenaille, est chauffée devant la tuyère, entre en fusion pâteuse ; une partie du métal coule au fond du creuset, et, après avoir perdu son carbone, forme une loupe dont le fer est entièrement affiné ; la portion qui reste attachée aux tenailles donne de l'acier, que l'on étire en barres.

Le second procédé, connu sous le nom de méthode française ou catalane, est pratiqué principalement dans les Pyrénées ; cette méthode diffère essentiellement de la précédente, en ce que les minerais qu'on traite d'après ce système doivent subir le grillage, et même être torréfiés avant d'entrer en fusion, et en ce qu'ils doivent être très-fusibles et très-riches ; ce sont des fers oxydulés, des fers hématites, et certains fers spathiques.

Les fourneaux employés dans cette méthode ressemblent aux forges ordinaires d'affinage *(pl.* 1, *fig.* 5, A, B); mais au lieu de mettre de la fonte dans le creuset, on **y** place du minerai grillé et torréfié, et quelquefois même du minerai cru.

Le placement de la tuyère dans ces forges catalanes est très-important ; c'est de sa disposition que dépend la réussite de l'opération : il faut qu'elle soit mobile, parce que souvent on en change l'inclinaison à mesure que l'opération avance, ou suivant la qualité des minerais que l'on emploie., On peut l'élever ou l'abaisser avec des pelotes d'argile ; souvent on se sert pour cet usage d'un cercle gradué.

Cette fonte s'opère en plaçant le minerai dans la cavité brasquée près du contrevent, sur lequel on l'entasse en forme de dos d'âne. Cette masse de minerai occupe le tiers du creuset. Dans l'espace restant, on met le charbon ; on chauffe aussi dans cette partie du fourneau les massoques qui proviennent d'une opération précédente, pour les étirer en barres. Pour solidifier la masse de minerai qu'on a mise dans le fourneau, on la recouvre avec du fraisil humecté, et mélangé d'argile et de scories. On bouche le trou du chio, et on donne le vent ; on·

conduit le feu lentement pendant la première ou les deux premières heures ; l'ouvrier est occupé continuellement à faire descendre les charbons à mesure qu'ils se consument, afin de remplir les vides, empêcher le minerai d'ébouler, et le ramener du côté du contrevent. Lorsqu'il paraît de la flamme, on jette sur le feu de la greillade humide pour la rabattre et concentrer la chaleur. On ne donne que peu de vent pendant cette première partie de l'opération, afin de bien calciner le minerai et de le réduire en partie. Au bout de deux heures, on donne le vent tout entier : dans plusieurs usines, on débouche alors le chio pour faire couler les scories ; c'est à ce moment qu'on doit commencer la fusion. On est averti si la torréfaction est assez avancée par l'aspect de la flamme et par celui des minerais, qui deviennent caverneux ; pour accélérer la fusion, l'ouvrier détache les morceaux de minerai placés à la partie inférieure, et les présente devant la tuyère, dont le vent excite le feu et détermine la fusion. Il faut apporter beaucoup de soin dans cette opération, de manière à ne pas faire ébouler le tas en ramenant le minerai vers la tuyère ;

mais enlever les morceaux inférieurs, de
sorte que le minerai s'affaisse peu à peu :
l'ouvrier continue à présenter ainsi tous les
morceaux jusqu'à ce que tout le minerai ait
successivement reçu l'action de la chaleur :
alors on le réunit avec un ringard pour
former une masse unique. Lorsqu'on jette
la greillade ou poussière de minerai dans
le fourneau, on a soin de l'arroser pour que
le vent ne puisse l'enlever, et de la répandre
uniformément sur toute la surface du combustible. Cette greillade augmente la quantité de produits, et donne aux scories la fusibilité convenable : lorsque les scories sont
visqueuses on diminue la quantité des
greillades ; le contraire a lieu lorsqu'elles
sont trop liquides.

La quantité des scories augmentant continuellement dans l'opération, on fait couler
de temps en temps celles qui sont en excès.
en ouvrant le trou du chio ; ce percement se
fait surtout, à ce qu'il paraît, lorsque l'on
s'aperçoit que la flamme manque d'activité.
Le travail dure entre trois et six heures ;
quand toute la masse est en fusion pâteuse
on la retire du fond du creuset, et on la
porte sous le marteau pour la couper en

plusieurs morceaux et la cingler, comme nous l'avons dit en parlant de l'affinage.

Chaque masse présente des mélanges très-variés de fer et d'acier; mais on peut à volonté augmenter la quantité de l'un ou de l'autre, et même arriver à obtenir des masses entièrement composées d'acier plus ou moins fort et fabriquer ainsi avec du minerai de l'acier naturel, comme on le fabrique assez ordinairement avec de la fonte. L'opinion générale en métallurgie est que pour obtenir beaucoup de fer, on doit employer une grande quantité de greillades, et incliner la tuyère fortement vers le fond du creuset; que si au contraire l'opération est conduite avec lenteur, que si l'on n'ajoute que peu de greillades, si la tuyère est relevée, et si on laisse sur le minerai une couche épaisse de scories, la quantité d'acier produite est plus considérable. Cependant les résultats obtenus par un des meilleurs maîtres de forges des Pyrénées, résultats constatés par les rapports d'un ingénieur des mines, semblent prouver que plusieurs de ces données sont erronées. Ainsi, dans cette usine, d'où il sort beaucoup d'acier naturel fabriqué à volonté avec du minerai, le creuset est moins large au fond et moins profond que pour le fer, la tuyère plus inclinée de sept à huit degrés ; on charge moins en minerai, et plus en charbon ; l'on coule les scories presque continuellement, et l'opération dure plus long-temps. L'écoulement des scories a surtout pour but de laisser le fer en contact avec le charbon qui recouvre le bain, et qui suffit pour le garantir de l'action du vent.

Outre la méthode que nous venons de décrire, il en est encore quelques autres ; mais comme nous l'avons annoncé au commencement de cet ouvrage, nous renvoyons pour l'article FER au traité particulier qui contiendra tous les procédés connus, tant pour l'extraire que pour l'employer.

CUIVRE.

Ce métal est solide, rouge-jaunâtre, très-brillant, très-malléable, très-ductile et sonore ; il est susceptible de colorer la flamme en vert, et acquiert de l'odeur par le frottement ; il noircit les doigts, s'oxyde à l'air humide en absorbant l'oxygène et l'acide carbonique de l'air, et par sa pesanteur spécifique, il est rangé au septième rang parmi les métaux usuels.

Les minerais de cuivre qui sont l'objet d'un traitement métallurgique, sont le cuivre natif, le cuivre sulfuré. le cuivre pyriteux, le cuivre bitumineux, le cuivre oxydé, les cuivres carbonatés vert et bleu, les cuivres gris plus ou moins argentifères, et enfin le cuivre muriaté ; les autres espèces de minerais de cuivre se rencontrent en petite quantité mêlés avec les précédents, et sont traités en même temps.

Le cuivre natif se rencontre dans la nature à l'état cristallisé et sous les variétés ramuleuse, laminaire, granulaire, et massive ; il est malléable et d'un rouge jaunâtre. Ses autres caractères se rapportent à ceux du cuivre métallique.

Le cuivre natif se distingue de l'or natif, en ce que la pesanteur de l'or est presque double de celle du cuivre et que l'or ne se dissout pas dans l'acide nitrique ou eau forte.

Le cuivre natif et le cuivre pyriteux se distinguent en ce que le cuivre pyriteux est d'un jaune verdâtre, et le cuivre natif d'un rouge jaunâtre. De plus, le cuivre pyriteux est cassant et le cuivre natif ductile.

Le cuivre sulfuré ou cuivre vitreux constitue plusieurs variétés ; les cristallisées, la laminiforme, la compacte et la pseudomorphique ou argent en épis. Le cuivre sulfuré est tendre et cassant. Il est d'un gris plus ou moins sombre, tirant sur l'éclat métallique du fer, quelquefois nuancé de bleuâtre : les morceaux noirs acquièrent le même éclat, lorsqu'on les coupe ou qu'on les frotte avec un corps dur. Sa poussière est noirâtre. Exposé au chalumeau, il répand d'abord une légère odeur, puis se fond en bouillonnant, et finit par donner un bouton qui, à raison du fer dont il est mélangé, présente le gris métallique, et agit sur l'aiguille de la boussole. Fondu avec le borax, il le colore en vert bleuâtre et donne des indices de cuivre à l'endroit du contact avec le charbon ; le reste du bouton est d'un gris d'acier et attirable à l'aimant.

Le cuivre sulfuré se distingue du cuivre gris en ce que les fragments de celui-ci, exposés à la flamme d'une bougie, décrépitent, ou, si on les approche avec assez de précaution pour qu'ils demeurent entiers, ils répandent une vapeur qui colore en blanc les pinces; ces effets n'ont pas lieu avec le cuivre sulfuré. La poussière du cuivre gris, mise dans l'acide nitrique, y devient grise au bout de quelque temps; celle du cuivre sulfuré y reste noire.

Ce minerai se distingue aussi de l'argent sulfuré en ce que celui-ci se coupe comme le plomb, en lames flexibles. Le cuivre sulfuré s'égrène lorsqu'on essaie de le couper. L'argent sulfuré exposé au chalumeau, donne un bouton métallique blanc, et le cuivre sulfuré un bouton d'un gris d'acier.

Le cuivre pyriteux forme deux variétés particulières; le cuivre pyriteux proprement dit et le cuivre pyriteux hépatique. Le premier se rencontre cristallisé, concrétionné et massif. Ce minerai est à cassure raboteuse, d'une couleur de jaune de laiton, mais plus foncé, tirant quelquefois sur la couleur de l'or allié au cuivre. Au chalumeau, il se fond d'abord en un globule noir, qui, à l'aide d'un feu prolongé, finit par offrir le brillant métallique du cuivre.

Le cuivre pyriteux hépathique présente à sa surface et dans sa cassure, différentes teintes de jaune rougeâtre, de violet, de bleu et de verdâtre. Il est souvent fragile au point de céder à la pression de l'ongle. Souvent aussi il se délite par feuillets. L'endroit où on l'a gratté est ordinairement rougeâtre, quelle que fût la couleur primitive. Quelquefois il se présente des morceaux de ce minerai qui sont tout-à-fait bruns.

Le cuivre pyriteux se distingue de l'or natif en ce que celui-ci est malléable et l'autre cassant ; il se fond au chalumeau, en conservant sa couleur, tandis que le cuivre pyriteux y donne d'abord un globule noir. Entre ce minerai et le fer sulfuré il existe cette différence, que celui-ci résiste beaucoup plus à la lime et qu'il donne communément des étincelles par le choc du briquet, ce que fait rarement le cuivre pyriteux.

Le cuivre bitumineux est toujours en masse, à cassure vitreuse et d'une couleur verte foncée ; il brûle avec flamme, en répandant une odeur bitumineuse.

Le cuivre oxydé rouge, ou cuivre oxydulé, se rencontre sous les variétés cristallisées, capillaire, lamellaire, laminaire, massive et terreuse. Ce minerai est facile à pulvériser. Sa couleur est plus ou moins d'un rouge intense ; celle de la poussière est d'un rouge un peu obscur.

Beaucoup de cristaux de cuivre oxydé présentent à la surface le gris métallique, mais il suffit de les broyer pour voir reparaître la couleur rouge. Il est soluble avec effervescence dans l'acide muriatique ou esprit de sel. Le cuivre oxydé rouge se distingue du cuivre sulfuré, en ce que celui-ci ne produit pas comme lui, une effervescence soutenue dans l'acide nitrique. Ce minerai se différencie de l'argent rouge, en ce que celui-ci ne fait pas effervescence dans l'acide nitrique.

Il se distingue aussi du mercure sulfuré ou cinabre, en ce que celui-ci est volatil au chalumeau, tandis que le cuivre oxydé s'y réduit. Le mercure sulfuré n'est pas soluble dans l'acide nitrique.

Le cuivre gris ou mine de cuivre grise forme dans la nature quatre variétés particulières relativement à la composition ; le cuivre gris proprement dit, le cuivre gris arsenifère, le cuivre gris antimonifère, et le cuivre gris platinifère.

Le cuivre gris proprement dit est cristallisé ou massif. Sa cassure est raboteuse et peu éclatante, d'une couleur grise métallique, non malléable et facile à briser. Réduit en poudre, sa cassure est noirâtre, quelquefois avec une légère teinte de rouge. Il est réductible au chalumeau en un bouton métallique, qui contient du cuivre.

Le cuivre gris arsenifère est d'un gris d'acier clair. Un fragment exposé à la simple flamme d'une bougie répand des vapeurs, sans éprouver de fusion proprement dite.

Le cuivre gris antimonifère ne diffère pas beaucoup du précédent par l'extérieur. Il est d'un gris foncé, passant au noir de fer; il est plus dur que les autres variétés, et offre une cassure plus brillante. Un fragment exposé à la simple flamme d'une bougie répand des vapeurs, et finit par se fondre en un globule métallique éclatant.

Le cuivre gris se distingue du fer arsenical, en ce que celui-ci donne une odeur d'ail sensible par le choc du briquet, ce qui n'a point lieu pour le cuivre gris. Sa couleur tire sur le blanc d'argent, et celle du cuivre gris sur le gris d'acier.

Le cuivre carbonaté se trouve en cristaux et sous les formes lamelliorme, aciculaire, fibreuse, concrétionnée, compacte et terreuse. Sa couleur est le vert pur, ou le bleu d'azur, passant au bleu d'indigo. Il est fragile et facile à gratter avec un couteau. Il se réduit facilement par le chalumeau, et se redissout avec effervescence dans l'acide nitrique.

Le cuivre carbonaté vert se distingue du plomb phosphaté, en ce que celui-ci ne se dissout pas comme le cuivre carbonaté avec effervescence dans l'acide nitrique; il y perd seulement sa couleur, et y devient pâteux.

Le cuivre carbonaté vert et le cuivre arseniaté se distinguent l'un de l'autre, en ce que le premier se dissout avec effervescence dans l'acide nitrique, et l'autre sans effervescence. De plus, l'action du feu dégage du cuivre arseniaté une odeur d'ail qui n'a pas lieu pour le cuivre carbonaté.

Le cuivre carbonaté bleu se différencie du fer phosphaté, en ce que le premier communique au verre de borax une belle couleur verte, tandis que le fer phosphaté ne produit qu'une couleur d'un brun-noirâtre.

Le cuivre muriaté se rencontre dans la noture eu cristaux et sous les variétés lameliforme, concrétionné, compacte et pulvérulent. Ce minerai est d'un vert d'émeraude ; il colore en vert et en bleu la flamme dans laquelle on jette sa poussière ; il ne donne point d'odeur d'ail par l'action du feu, et il est soluble sans effervescence dans l'acide nitrique.

Le cuivre muriaté se distingue du cuivre carbonaté, en ce que celui-ci est soluble avec effervescence dans l'acide nitrique ; l'autre s'y dissout sans effervescence. La flamme sur laquelle on projette le cuivre carbonaté vert, prend seulement une couleur verte sans mélange de bleu. Il faut en outre un certain temps au cuivre carbonaté pour communiquer à l'ammoniaque la couleur bleue, tandis que le cuivre muriaté la lui communique à l'instant.

La plupart des minerais de cuivre appartiennent aux terrains primitifs et intermédiaires. Les cuivres carbonatés se trouvent dans toutes sortes de terrains, même jusque dans les sables des terrains d'alluvion.

Les minerais de cuivre forment presque toujours des filons, ou font partie des autres filons pierreux ou métallifères ; on les trouve quelquefois en masses et en couches, ou disséminés à l'état de sable.

Les mines de cuivre sont assez répandues; les plus importantes sont celles de la Suède, de la Sibérie, du Hartz, du Mansfeld, de la France, de l'Angleterre, de l'Amérique, etc.

Les minerais de cuivre présentent dans leur traitement plus ou moins de difficulté; il en est qui peuvent être obtenus par une simple réduction, tandis que d'autres demandent un grand nombre d'opérations.

Pour le traitement du cuivre natif, du cuivre oxydé, des cuivres carbonatés et du cuivre muriaté, il suffit de les fondre avec du charbon ou du coke dans un fourneau à manche, et mieux, lorsqu'ils sont suffisamment purs, dans un fourneau à réverbère, pour en extraire le cuivre qui n'est pas parfaitement pur, mais qui le devient par l'affinage.

Pour le traitement des minerais de cuivre pyriteux et de cuivre gris ou argentifère, on commence par un triage à la main, qui consiste à mettre de côté tous les fragments gros comme des œufs, et parmi ceux-ci à rejeter les morceaux qui sont seulement pierreux; les morceaux métalliques son brisés à l'aide du marteau jusqu'à ce que leur grosseur n'excède pas celle d'une noix.

On leur fait éprouver un second triage, qui a encore pour but de séparer les échantillons métalliques des autres que l'on rejette. Ces échantillon métalliques sont rangés en trois classes, suivant leur richesse : 1° minerai massif; 2° *idem*, peu mélangé ; 3° morceaux renfermant beaucoup de gangue. La première qualité, avant d'être exposée au grillage, est concassée sur une plaque de fonte, ou dans des espèces de mortiers, la deuxième qualité est cassée au marteau, puis transportée aux ateliers de criblage et de lavage; la troisième est bocardée.

Le minerai menu provenant du premier triage est criblé sur un tamis en fils de fer assez fin ; ce criblage se fait dans l'eau courante, où le crible est tenu par un ouvrier qui le secoue en tous les sens.

Le minerai par suite de ce mouvement est séparé en trois parties : 1° la partie la plus fine qui est entraînée par l'eau se dépose plus ou moins loin dans des bassins ; 2° les fragments qui passent à travers le crible sont entraînés par leur pesanteur au fond de l'eau, où ils se déposent sous le crible même ; 3° les gros morceaux qui restent sur le crible sont soumis à un triage à la main et divisés en trois classes comme ci-dessus, et qui sont traités de la même manière.

Le minerai déposé sous le crible est soumis à un deuxième criblages ; on crible en même temps que ce minerai, le n° 2 du triage en trois parties, qui a été cassé au marteau. Les mailles du crible ont de vingt à trente ouvertures par pouce carré ; l'ouvrier qui le manie lui imprime un mouvement horizontal. Les parties les plus fines passent au travers ; celles qui restent dessus sont séparées en trois couches distinctes suivant leur pesanteur spécifique. Les plus légères qui sont au-dessus sont jetées ; la couche moyenne est bocardée, et la couche inférieure, accumulée par deux ou trois criblages, n'a besoin que d'être légèrement lavée.

Enfin, le minerai fin passé au travers du crible et les différents minerais des bocards sont purifiés par des lavages sur des plans inclinés.

Le grillage s'opère en empilant les minerais entiers, ou en schlichs, soit dans des fours, soit en grandes masses à l'air libre. Dans le premier cas, on les met en couches alternativement avec le combustible dans des fourneaux semblables aux fours à chaux, ou formés simplement d'un encaissement rectangulaire en maçonnerie. Le grillage dure quatre à cinq semaines ; on met le feu à la partie inférieure, et on le laisse gagner peu à peu la partie supérieure. Dans le second cas, le grillage à l'air libre, on procède de plusieurs manières ; si les minerais sont très-sulfureux, on amoncelle les pyrites en grandes masses avec du combustible au centre ; le tout a la forme d'une pyramide tronquée : on enduit l'extérieur de gazon et de mortier, en laissant au haut des cavités hémisphériques dans lesquelles les vapeurs sulfureuses viennent se condenser. Le grillage de cette manière dure quelquefois jusqu'à six mois ; il est principalement entretenu par la combustion du soufre. Si le minerai est peu sulfuré, ou s'il est bitumineux, et que l'on ne veuille que le priver du bitume qui nuirait à la fusion, on place sur le un lit de fagots ou de bois de six pouces de haut, que l'on recouvre de minerai jusqu'à une hauteur de cinq à six pieds ; on ménage dans l'intérieur plusieurs canaux qui permettent la circulation de l'air ; on allume, et le feu dans ce grillage dure de quatre à dix semaines : on grille à la fois deux cent cinquante quintaux de minerai.

Les schistes de nature calcaire, ferrugineuse, ou arénacée, sont grillés séparément des schistes bitumineux ; même, quelquefois, on ne les grille pas du tout. Il y a des schistes tellement bitumineux qu'ils peuvent brûler d'eux-mêmes.

Lorsque les minerais sont grillés suffisamment, on procède à la fusion dans des fourneaux à manche.

Nous exposerons d'abord la manière dont on traite les minerais pour cuivre seulement, et ensuite les procédés employés pour traiter le minerai plus riche en argent, quand on veut obtenir le cuivre et l'argent séparément.

La fusion des minerais grillés et non grillés, que l'on appelle alors cru, s'opère dans des fourneaux à manche peu différents de celui représenté (*pl.* 4, *fig.* 5), et dont la hauteur varie beaucoup. La sole faite en pierre très-réfractaire a quelques pouces d'inclinaison ; sur la paroi du devant est pratiqué l'œil qui communique par une ou deux rigoles à un ou deux bassins de réception ; la tuyère est élevée de dix-huit pouces à deux pieds au-dessus de la sole. Lorsque l'on veut fondre, on commence par allumer un grand feu dans le fourneau pour le chauffer ; ce qui dure de six à vingt-quatre heures, selon qu'il a déjà servi ou non : ensuite on le remplit à moitié de charbon, et on commence à charger avec des scories ou laitiers riches provenant des fontes précédentes. Ces scories favorisent la fusion, et cèdent le cuivre qu'elles contenaient. Lorsque la cuve est pleine on donne tout le vent, et on charge avec le minerai. Les proportions dans lesquelles on mélange les schistes grillés et ceux qui ne le sont pas, sont assez ordinairement trois parties des premiers et une partie des seconds. Si l'on a des minerais dont les gangues soient les unes argileuses, les autres calcaires, on fera bien de les mêler pour faciliter la fusion ; dans les usines de Mansfeld on met deux parties de minerai calcaire contre une de minerai argileux. Les scories que l'on ajoute sont dans la proportion d'un quinzième environ. Quant au fluate de chaux que l'on est dans l'usage de mettre dans le fourneau comme fondant, la quantité varie selon la nature du minerai et celle du combustible : lorsque l'on chauffe au coke, on met plus de chaux fluatée que lorsque l'on chauffe au bois : si le minerai est en grande partie calcaire, on n'aura pas besoin de beaucoup de fluate de chaux ; il en faudra au contraire une grande quantité si le minerai est argileux : quelquefois au lieu de chaux fluatée, c'est le quartz que l'on emploie comme fondant. Si l'on brûle du charbon de bois, on composera à peu près les charges d'un cinquième de charbon et de quatre cinquièmes de minerai en poids ; si l'on se sert de coke, ce sera une partie de coke, contre deux des chistes.

Lorsque la fusion marche bien, on débouche l'œil ou l'ouverture qui est au bas du fourneau, et au fur et à mesure que la matière fond, elle s'écoule dans le creuset ou bassin de réception, creusé le plus souvent dans le sol, et qui est enduit de brasque pesante. Lorsqu'il est rempli de substances liquéfiées, les ouvriers raclent la surface avec un outil en fer, et entraînent les scories qui sont mises à part. Ils continuent ainsi d'écumer jusqu'à ce que le creuset soit rempli de mattes en fusion. Les dernières scories qui ont été enlevées sont toujours plus riches en cuivre ; on les reporte au fourneau pour une opération suivante. Les scories peu riches sont roulées en boules ; elles peuvent servir à chauffer les appartements, et en Allemagne on les emploie à bâtir. On vide le creuset dans un autre qui est inférieur ; on jette sur le bain des gouttes d'eau qui refroidissent la surface ; on enlève la partie figée, on asperge de nouveau, et l'on retire ainsi toute la matière en plaques ou mattes.

Le produit que l'on a recueilli de cette manière est une matte brute de cuivre, d'une couleur brune, fragile, qui est un alliage de cuivre, fer, soufre, zinc, arsenic, ou cobalt, selon les minerais mis en fusion, contenant environ 18 à 20 k^{os} de cuivre par quintal et moins de fer, de soufre, et autres substances étrangères que les schistes employés.

L'on reconnaît en général qu'une opération de fusion marche bien, quand les scories se dégagent facilement, qu'elles sont très-coulantes, vitreuses et compactes ; que la matte est abondante, compacte, à grain fin et de couleur irisée.

La matte brute obtenue par la fusion subit ensuite plusieurs grillages, nécessaires pour chasser la plus grande partie du soufre qu'elle contient, et oxyder les métaux unis au cuivre. Dans quelques usines on exécute ce grillage dans des cases entourées de trois murailles; elles ont six pieds de longueur, trois de large, cinq de haut; la sole est fortement inclinée vers la face ouverte. L'on établit d'abord un lit de bois, puis des couches alternatives de charbon et de mattes concassées en morceaux de deux à trois livres; on recouvre le tout de poussier de charbon. Chaque grillage dure cinq à six jours; le nombre des grillages est au moins de trois lorsque l'on fait l'opération de la concentration; il est ordinairement de six lorsque l'on fond de suite la matte grillée pour en obtenir le cuivre noir.

Comme il se forme toujours une quantité plus ou moins grande de sulfate de cuivre dans les grillages successifs que subit la matte, on ne devra pas négliger la précaution employée dans plusieurs usines en Allemagne, où, après chaque feu, on soumet la matte à un lavage qui s'exécute dans des caisses disposées par gradins. On met dans chacune de ces caisses vingt-cinq ou trente quintaux de mattes, sur lesquels on jette de l'eau qui y séjourne dix-huit heures ; cette eau dissout le sulfate formé : celle de la première passe dans la seconde, et de là dans la troisième, qui est ordinairement la dernière. En sortant de celle-ci l'eau contient à peu près quinze à vingt pour cent de sulfate de cuivre, que l'on obtient par l'évaporation dans une chaudière de plomb. Cent quintaux de mattes lavées par ce procédé donnent jusqu'à deux quintaux et demi de sulfate de cuivre pur. On ne lave point la matte après son premier et son dernier grillage, mais après tous ceux intermédiaires.

Lorsque les mattes sont grillées et lavées, on les porte dans un autre fourneau à manche, ordinairement plus petit que celui qui a servi à fondre le minerai ; là on forme le lit de fusion avec quatre parties de mattes et une partie de scories pauvres ; le charbon que l'on emploie est dans la proportion d'une partie en poids contre six de mélange. On obtient par la fusion des scories riches, des nouvelles mattes moins impures, et du cuivre noir (oxyde de cuivre sulfuré), que l'on met à part pour être affiné.

Les deuxièmes mattes, riches de trente k^{os} environ par quintal, sont reportées au grillage de matte, puis repassées dans la fonte suivante : elle donnent encore des scories, des mattes plus pures et du cuivre noir. Les scories sont réservées pour la fusion des schistes ; en continuant ainsi, on convertit tout le minerai successivement en cuivre noir et en scories, que l'on épuise en les mêlant avec les minerais à fondre.

Dans beaucoup d'usines on n'obtient pas, dès la seconde fusion, du cuivre noir ; mais on pratique sur la matte grillée une opération que l'on appelle la concentration de la matte. On fait cette opération en soumettant la matte de cuivre brute et grillée à une seconde fusion qui se fait dans un petit fourneau à manche, dont la sole est faite d'une brasque composée de sable et d'argile ; on met dans ce fourneau un mélange composé de deux tiers de mattes et d'un tiers de laitiers pauvres, avec du charbon ; on grille ensuite la nouvelle matte obtenue six ou sept fois, et on la repasse au même fourneau à manche pour en obtenir tout le cuivre noir, un laitier riche et une matte très-pauvre.

Avant de passer à l'affinage du cuivre noir, nous allons exposer les procédés employés en Angleterre. Dans ce pays, le traitement tout entier des minerais de cuivre se fait dans des fourneaux à réverbère,

On y opère de la manière suivante : on réduit le minerai en fragments gros comme des noisettes, puis on les étale sur la sole d'un four à réverbère (*pl.* 6, *fig.* 4, A, B, C), en le faisant tomber par des trémies placées sur la voûte du fourneau. On chauffe graduellement, en ayant soin de ne pas pousser la température au point de fondre ou d'agglomérer les parties du minerai, et l'on remue fréquemment. Au bout de dix à douze heures de grillage, le minerai est converti en une poudre noire, et a perdu une partie du soufre et de l'arsenic qui lui étaient combinés. Dans cet état, le minerai est prêt à subir une première fusion, qui se fait dans un four à réverbère (*Pl.* 7, *fig.* 1, A, B.) On ajoute, comme dans l'autre procédé, des scories et divers fondants, qui varient suivant la nature du minerai.

Après quatre ou cinq heures, le minerai est en pleine fusion ; on agite avec un râble pour aider le dégagement des scories, que l'on attire avec le râble au-dehors. On ajoute alors une nouvelle charge de minerai grillé : on écume encore, et on fait une troisième

charge : après celle-ci, les scories sont enlevées soigneusement. On ouvre l'ouverture
du fourneau, et la matte s'écoule dans la fosse
remplie d'eau, où elle se fige en grenailles.
On est obligé de répéter le grillage et la
fonte de cette matte de six à dix fois pour
la purifier. A chaque fonte, il s'en sépare
des scories que l'on réserve pour être refondues dans une première fusion, parce qu'elles
contiennent toujours du cuivre.

On doit continuer les refontes et les grillages de la matte granulée, jusqu'à ce que
les grains soient suffisamment épurés; ce
que l'on reconnaît à leur couleur en les apla-
tissant, les coupant à demi, et les ployant
jusqu'à ce qu'ils se rompent. La couleur de
la cassure indique s'ils sont assez purifiés;
s'ils le sont suffisamment, on coule le cuivre
noir en saumon, et on doit alors procéder au
rôtissage. Le but de cette opération est de
séparer les métaux les plus oxydables, dont
le cuivre est encore mélangé. Les fourneaux
employés à cet usage sont en général analogues à ceux de grillage; mais dans quelques usines, ces fourneaux présentent une
construction particulière, qui a pour but
d'introduire un courant d'air continu sur le

métal, de manière à faciliter l'oxydation. L'admission de l'air a lieu par un canal pratiqué au milieu du pont de la chauffe (*pl.* 6, *fig.* 5) dans le sens de sa longueur. Cette construction produit un effet puissant, puisqu'elle favorise l'oxydation des métaux, la combustion de la fumée et le dégagement du soufre.

Les saumons de métal brut provenant de la dernière opération sont exposés sur la sole du fourneau de rôtissage chauffé au rouge, à l'action de l'air qui oxyde le fer et les autres métaux étrangers. La durée du rôtissage varie de douze à vingt-quatre heures, suivant le degré de pureté du cuivre brut. La température doit être graduée, afin que l'oxydation ait le temps de s'effectuer et que les substances volatiles puissent se dégager. La fusion du métal ne doit avoir lieu que sur la fin de l'opération. Le métal obtenu est coulé dans des moules de sable et propre dans cet état à être affiné.

L'affinage du cuivre noir s'opère dans des fourneaux analogues à ceux de fusion; l'inclinaison de la sole a lieu vers la porte du devant au lieu d'être sur le côté : cette différence tient à ce que, dans le fourneau d'affinage, le cuivre se rassemble dans un creux pratiqué dans la sole vers la porte du devant, d'où on le puise avec des poches, tandis que dans les fourneaux de fusion le métal coule par une ouverture placée sur le côté. La sole est faite en sable ou en brasque formée de cinq parties d'argile et une partie de charbon ; la voûte du fourneau de raffinage doit être plus élevée que celle du fourneau de fusion : la hauteur varie entre 0,80 à 1 mètre ; si la voûte était trop surbaissée, il pourrait se former de l'oxyde de cuivre très-nuisible à la qualité du métal. Lorsque ce cas arrive, on est obligé de lui faire subir un nouveau raffinage, en y ajoutant un peu de plomb qui s'empare de l'oxygène de l'oxyde. Le cuivre à raffiner est placé en saumons sur la sole du fourneau, plein de charbon, par la porte de côté. On donne d'abord une chaleur modérée pour achever le rôtissage. On augmente le feu peu à peu, de façon qu'au bout de six heures le cuivre commence à couler. Lorsque tout le métal est fondu, et que la chaleur est assez forte, l'ouvrier soulève la porte de devant et retire avec un râble le peu de scories qui recouvre le bain de cuivre. Le raffineur prend alors un essai avec une petite cuillère, et le casse dans un étau pour voir l'état du cuivre. D'après l'apparence de l'essai, l'aspect du bain, l'état du feu, il juge quelle est la quantité de bois et de charbon de bois qu'on doit ajouter pour rendre le cuivre malléable. On recouvre le bain avec du charbon de bois, et on remue avec une perche de bouleau. Le gaz qui se dégage du bois occasionne une effervescence. On ajoute de temps en temps du charbon de bois, de façon que la surface du métal en soit toujours recouverte, et on remue continuellement avec des perches jusqu'à ce que par différents essais on se soit assuré que le cuivre est bon : alors on puise le métal dans le fourneau au moyen de grandes cuillères de fer enduites d'argile, et on le coule en lingots, ou bien, pour avoir du cuivre de rosette, on fait communiquer le bassin du fourneau avec ceux de réception, et on opère comme il sera dit plus bas.

Dans les usines de la France et de l'Allemagne, on se sert quelquefois pour affiner le cuivre noir d'une espèce de fourneau à réverbère (*pl.* 6, *fig*. 3, A, B, C), dont la sole un peu concave est recouverte de brasque pesante fort battue : sur les côtés de ce

fourneau sont établis deux bassins de réception qui ont la forme d'un cône renversé; sur
le côté opposé on place deux soufflets, dont
le vent doit être versé obliquement sur la
surface du cuivre fondu.

On met le cuivre noir en morceaux moyens
sur la sole; on a soin de mettre un lit de
paille entre la brasque et le cuivre noir, afin
que les angles de ces morceaux n'y fassent
pas de trous. Lorsque le cuivre est fondu,
on enlève par une porte (p) les scories qui
le recouvrent, et on dirige le vent des soufflets sur sa surface. Ce courant d'air oxyde
et scorifie les métaux étrangers et la terre
que le cuivre pourrait avoir retenus. Au bout
de deux à trois heures il est affiné; on ouvre
alors les communications qui sont pratiquées
entre le bassin du fourneau et les bassins de
réception qu'on a soin de tenir chauds. Le
cuivre y coule et les remplit. On fait figer sa
surface en jetant un peu d'eau dessus; on
enlève cette croûte ronde, couverte d'aspérités, qui a reçu le nom de cuivre rosette; on
enlève ainsi successivement tout le cuivre
des bassins par rosettes ou rondelles.

L'opération de l'affinage du cuivre est
délicate, et exige de la part des ouvriers un

grand soin pour maintenir le métal dans son état de ductilité.

Nous allons indiquer quelques-uns des signes auxquels on peut reconnaître que l'opération marche bien, et les principales précautions à observer. On reconnait que le cuivre est affiné lorsqu'après avoir enlevé les premières scories qui sont noirâtres, celles qui se forment ensuite s'approchent de plus en plus de la couleur rouge du cuivre, et sont beaucoup plus minces que les premières ; elles contiennent alors du protoxyde de cuivre : c'est le moment d'arrêter l'opération. On peut encore essayer en plongeant dans le bain une verge de fer cylindrique ; d'abord la partie de matières qui s'attachent au fer paraît gris-noirâtre, cassante, et intérieurement d'un jaune peu foncé ; ensuite elle devient gris-bleuâtre, plus mince, moins cassante et plus jaune : enfin, après peu de temps, elle passe à une couleur rouge purpurine, devient très-fine ; elle a une cassure dentelée, et se montre sous forme d'exubérances plus ou moins grandes, qui se réunissent en un petit bouton : le cuivre est alors suffisamment purifié.

On peut encore plonger la verge de fer au

sortir du bain dans de l'eau. Si le cuivre est pur, il se détachera de lui-même et quittera la tringle à la plus légère secousse.

Si l'on a pris une lame de cuivre soit avec la cuillère, soit avec la tringle ; qu'on l'ait laissée refroidir, et qu'elle se double deux fois sous le marteau sans se rompre ; si sa cassure présente un grain d'une belle couleur de cuivre, pas trop rouge, si les bords de la cassure sont plus pâles que l'intérieur, c'est une marque certaine que le cuivre est suffisamment pur et ductile. L'on s'aperçoit encore que l'opération de l'affinage touche à sa fin, par la diminution du bouillonnement qui a lieu tant que le cuivre n'est pas pur.

Si les scories fondent difficilement, ou sont trop liquides, on corrige également ces deux défauts par une addition de sable qui dans le premier cas aide à la vitrification, et dans le second refroidit et donne la consistance convenable. Si à la surface du bain on remarque des parties très-colorées, c'est un signe qu'il y a du cuivre qui s'est oxydé. On remédie à cet inconvénient soit en jetant à temps sur le bain du plomb comme nous l'avons dit plus haut, soit en couvrant le bain avec une quantité de charbon qui réduit l'oxyde ; mais il faut porter la plus grande attention dans l'emploi du charbon en général, car si l'on forçait en charbon, il pourrait se combiner du charbon avec le cuivre, et l'on a dans ce cas un cuivre rose-blanchâtre très-cassant, ce qui arrive souvent quand on pousse trop loin l'affinage au moyen du charbon de bois. Dans quelques usines lorsque cet accident a lieu, soit par la trop grande quantité de charbon, soit par un usage trop prolongé de la perche de bois, l'affineur enlève le charbon de dessus la surface du métal, et ouvre la porte de côté pour exposer à l'action de l'air le cuivre, qui reprend alors son état de malléabilité. Selon un des métallurgistes praticiens les plus éclairés de l'Angleterre, le cuivre, ainsi que le fer, serait cassant lorsqu'il serait combiné avec l'oxygène ou le charbon, et il ne deviendrait malléable que l'orsqu'il serait entièrement purgé de ces deux substances. Le point juste auquel il faut s'arrêter est donc une des grandes difficultés de cette opération, qu'une expérience prolongée peut seule apprendre à bien conduire.

Outre les deux manières de traiter le

cuivre que nous venons d'indiquer, il existe une méthode que nous décrirons ici, bien qu'elle ne soit employée que dans une usine du pays de Galles.

Le grillage du minerai s'exécute dans un fourneau à trois étages, représenté *pl.* 8, *fig.* 1. Le minerai tombe par le moyen d'une trémie sur l'étage supérieur (C), où il est répandu uniformément au moyen de râbles. Après six heures de chauffe, il est desséché et a éprouvé un commencement de grillage : on le fait alors descendre par les ouvertures pratiquées dans la sole (c) sur la sole (b), où le grillage se termine. Le temps nécessaire à cette opération est égal à celui employé pour la première ; alors on fait tomber le minerai sur la sole (a) où il est fondu. Les ouvriers doivent apporter d'autant plus de soin pour empêcher l'agglomération et la fusion pendant les deux premières parties de l'opération, que la chaleur est beaucoup plus élevée dans ce fourneau que dans ceux précédemment décrits.

La fonte se conduit de la même manière que dans les autres fourneaux ; elle dure six heures. Le grillage de la matte s'exécute dans un fourneau à deux étages, en commençant par l'étage supérieur ; elle reste vingt-quatre heures sur chaque sole. Cette matte grillée est ensuite fondue, et la nouvelle matte subit quatre rôtissages successifs, chacun de vingt-quatre heures, qui l'amènent à l'état de cuivre noir

Dans les usines où l'on obtient des scories contenant des grenailles métalliques, on les fond séparément pour en obtenir une matte très-riche en cuivre, que l'on traite avec les premières mattes obtenues du minerai.

Lorsque l'on a à traiter des minerais de cuivre pyriteux très-pauvres, on peut les griller pour en extraire une partie du soufre, et lessiver la mine grillée pour dissoudre les sulfates de cuivre et de fer qui se sont formés pendant le grillage ; on plongera ensuite de la ferraille dans la solution ; le sulfate de cuivre est décomposé ; son acide s'unit au fer, et le cuivre se rassemble en masses spongieuses, que l'on nomme cuivre de cémentation. Le sulfate de fer peut être obtenu en rapprochant la liqueur.

TRAITEMENT DU CUIVRE ARGENTIFÈRE.

Lorsque le minerai contient de l'argent en quantité assez considérable pour que ce métal puisse être extrait avec avantage, ce qui arrive lorsque la mine se compose de cuivre gris en tout ou en partie, on la traite en grand de deux manières; l'une par la voie sèche, l'autre par la voie humide. La première consiste à convertir d'abord le minerai en cuivre noir par les procédés indiqués ci-dessus, et à séparer par la liquation l'argent et le cuivre.

Le second, peu employé jusqu'ici, consiste à réduire les minerais en mattes de cuivre, et à séparer l'argent de ces mattes par le procédé de l'amalgamation.

On ne peut employer directement la coupellation que dans le cas où le cuivre contient au moins le tiers ou la moitié de son poids en argent. Au-dessous de cette proportion la quantité de plomb nécessaire pour déterminer la séparation du cuivre est telle, les litharges entraînent avec elles tant d'argent qu'il faut séparer par de nouvelles opérations, que les frais dépassent la valeur de l'argent. En général, pour employer la coupellation, il faut ou que les alliages soient très-riches, ou que le plomb et le combustible soient abondants et à très-bas prix.

Pour mieux faire connaître la manière

dont on opère dans les deux premiers cas, nous extrayons des *Annales des mines* les procédés employés dans les usines de Helstadt et de Grosorner.

LIQUATION.

La première opération que l'on fait subir aux rondelles de cuivre noir, est une division destinée à faciliter la fusion. Cette division s'exécute à froid ou à chaud, selon l'épaisseur des rondelles de cuivre; elle s'opère à froid au moyen d'un pilon mu par l'eau, et portant à son extrémité inférieure un fer fait en forme de coin, qui vient frapper sur une autre pièce de fer formant angle. Un ouvrier passe la rondelle sur cette dernière pièce au moment où le pilon s'élève, et en retombant il la brise en morceaux de 1 k° 500 à 2 k°s 500. Le poids du pilon doit être considérable. Ceux de Helstadt pèsent jusqu'à vingt quintaux. A chaud, on casse les rondelles chauffées au rouge sur une plaque de fer avec des marteaux de cinq à six k°s. Lorsque les rondelles sont ainsi en morceaux, on procède au *rafraîchissage*. Cette opération a pour but de chasser les métaux autres que le cuivre et l'argent, et de séparer ces derniers l'un de l'autre par le moyen du plomb. En effet, bien que l'argent ait autant d'affinité pour le cuivre que pour le plomb, celui-ci peut enlever l'argent au cuivre dans un rapport déterminé des masses et de la température : ainsi on obtiendra cette séparation en employant trois fois autant de plomb que de cuivre, ou cinq cents fois autant de plomb que d'argent, et l'argent s'unira intimement au plomb, tandis que si l'on mettait seulement une fois autant de plomb que de cuivre, l'opération ne réussirait pas. Si le cuivre était tellement riche que pour atteindre la proportion indiquée entre le plomb et l'argent, il fallût dépasser celle que nous avons donnée pour le cuivre et le plomb, on liquaterait en deux fois. D'un autre côté, si l'on dépassait la proportion indiquée entre le plomb et l'argent, on obtiendrait un plomb d'œuvre trop pauvre pour être coupellé.

Le mélange du cuivre et du plomb se fait pour chaque pain ; le mélange ou le pain s'appelle riche quand on emploie des cuivres noirs riches en argent, pauvre quand le cuivre contient peu d'argent.

La fusion s'opère dans un fourneau à manche ordinaire, dont la sole faite en brasque
légère est très-inclinée ; lorsqu'il est chauffé
et plein de charbon, on charge d'abord quelques pains de cuivre les plus pauvres, ensuite les pains riches : le chargement se fait
en mettant tout le cuivre d'un pain, immédiatement après on met du charbon, puis
lorsque le cuivre arrivé en bas commence à
couler on met les trois parties du plomb correspondantes ; sur le plomb, on charge de
suite du charbon et le cuivre du pain suivant.
On charge le cuivre et le plomb sur la paroi
du derrière, et les charbons sur le devant.

Lorsque le bassin de réception, dont les
dimensions sont celles que l'on veut donner
à chaque pain, est plein, on bouche l'œil, on
fait la percée, et on reçoit les métaux dans
le bassin inférieur ; on les refroidit subite-
ment et on les enlève. Les scories de cette
opération sont repassées en partie, et en
partie recueillies pour être traitées à part.

C'est dans le bassin de réception que se
forme l'union du plomb et du cuivre ; et en
raison du rapport des masses, le plomb
attire à lui tout l'argent sans cesser cependant de rester uni au cuivre.

Le travail doit être mené très-vite et très-également, très-vite pour éviter la trop grande oxydation du cuivre et du plomb, également en chargeant toujours une égale quantité de charbon et des charbons de même qualité, et donnant un vent uniforme.

Quelquefois le rafraîchissage se fait dans des fours à réverbère. On fond d'abord le cuivre, puis on ajoute le plomb, et l'on maintient l'alliage en fusion pendant quelque temps, en l'agitant dans tous les sens.

Les pains obtenus par le rafraîchissage, et que l'on appelle pains de liquation, subissent ensuite la liquation. Cette opération a pour but de séparer du cuivre, l'argent et le plomb qui lui sont alliés dans les pains; elle est fondée sur la plus grande fusibilité du plomb, et sur ce qu'en se fondant il entraîne avec lui l'argent qui lui était intimement combiné. On doit dans cette opération éviter de faire arriver sur ces métaux en fusion des courants d'air non décomposé qui les oxyderait.

Les fourneaux de liquation sont de deux espèces. Les uns sont composés de deux murailles de trois pieds environ d'élévation espacées entre elles de six pouces à un pied, et surmontées chacune d'une plaque de fer épaisse environ de trois pouces, et large de quinze à dix-huit, inclinées de trois pouces l'une vers l'autre, en laissant entre elles une ouverture de quatre à huit pouces, par laquelle les matières tombent dans la rigole formée au-dessous par les deux murailles, et destinée à conduire le métal en fusion dans un bassin de réception placé à l'extérieur. Pour faciliter cet écoulement la rigole est en pente. Les deux plaques de fer sont surmontées de petites murailles de deux pieds de haut qui ferment le fourneau de trois côtés, le quatrième est fermé avec une plaque de tôle quand les pains sont placés. Les fourneaux ont de quatre à six pieds de longueur. Le même ouvrier conduit deux fourneaux qui marchent ensemble de manière à ce que, quand l'opération est terminée dans l'un, on la recommence dans l'autre. Ces fourneaux sont chauffés avec du charbon de terre.

Les autres fourneaux de liquation (*pl.* 1, *fig.* 7, I, II) sont composés de plusieurs siéges (a a a a) qui peuvent porter chacun douze à quinze pains de liquation; une voûte les recouvre tous et forme un seul fourneau à réverbère. On chauffe ce fourneau avec du bois qui est placé sur la grille latérale, et non entre les pains, comme on place le charbon dans le fourneau à deux siéges.

Lorsque l'on veut liquater dans le fourneau découvert, on remplit le canal entre les murailles de charbon, et on place les pains de champ sur les deux plaques formant aire, en les espaçant entre eux de six pouces ; on remplit l'intervalle avec des charbons enflammés recouverts de charbons noirs, on ferme l'aire avec la plaque de tôle, et on achève de couvrir les pains avec du charbon. Quand le feu est bien allumé, le plomb uni à l'argent entre en fusion, coule dans le conduit, et se rend de là dans le bassin de réception : à mesure que les charbons se consument, on en remet d'autres, surtout dans le conduit, pour maintenir le plomb fluide. Quand le bassin est plein, on puise le plomb que l'on reverse dans des moules en fer.

Quel que soit le fourneau que l'on emploie, on doit prendre les précautions suivantes : faire que les pains diminuent graduellement et simultanément, ce à quoi l'on parvient facilement en ralentissant le tirage, en donnant plus ou moins de charbon, et en maintenant avec un morceau de fer les pains toujours dans la même position verticale ; 2° remuer continuellement les scories dans le conduit et le métal dans le bassin ; 3° mener le feu d'abord lentement pour que le plomb n'entraîne pas de cuivre avec lui, et l'augmenter vers la fin, afin qu'il ne reste pas trop de plomb. Cependant, suivant M. Karsten, il est préférable de prolonger l'opération à une même température, parce que, selon lui, à un certain degré de chaleur, l'alliage primitif du plomb et du cuivre se régénère au lieu de se séparer.

La liquation en fourneau à réverbère est plus économique et plus prompte, mais elle n'est pas uniforme pour tous les pains, et les résidus cuivreux sont plus difficiles à ressuer, ce qui a déterminé dans beaucoup d'usines l'abandon du système de liquation dans les fourneaux couverts et chauffés au bois. Le plomb d'œuvre obtenu de la liquation est ensuite soumis à la coupellation ; nous renvoyons pour tous les détails de cette opération à l'article PLOMB ; nous ne nous occuperons ici que du traitement des pains de cuivre qui ont été liquatés.

Les pains que l'on retire après l'opération sont un peu affaissés, solides, poreux et criblés, comme des éponges, des trous que le plomb a laissés en coulant; ils contiennent, outre le plomb argentifère qui n'a pas été entraîné, une partie des métaux étrangers qui se trouvaient dans la mine de cuivre. Le ressuage a pour but d'oxyder et de séparer ces métaux du cuivre, ce que l'on effectue au moyen d'une température soutenue et d'un bon courant d'air.

Le fourneau de ressuage le plus ordinaire est un fourneau à réverbère, fermé de trois côtés par des murailles, et du quatrième par une paroi mobile : la sole faite en briques et inclinée d'un pied vers le devant, porte six bancs ou murailles dans l'intervalle desquelles les matières coulent pour se rendre hors du fourneau ; la face de derrière est percée de plusieurs trous pour donner passage à la fumée et établir le courant d'air.

On mélange dans ces fourneaux les pains de liquation avec partie égale à peu près de résidus cuivreux provenant des fontes et refontes des scories. On dispose le tout sur les bancs de ressuage, on ferme la face antérieure, et on chauffe avec du menu bois que

l'on introduit dans les intervalles qui existent entre les bancs. On chauffe d'abord peu
et seulement les masses qui sont sur le
devant; peu à peu on pousse le feu plus avant
et on augmente; puis au bout de quatre à
cinq heures, quand tout est porté au rouge,
on reste quelque temps au même degré
pour laisser suinter le plomb argentifère; on
chauffe plus fortement, et on ouvre les évents
du fourneau pour que les pièces reçoivent le
contact de l'air; il se forme un alliage oxydé
qui fond et s'écoule sur la sole : dès qu'il
ne se forme plus de cet oxyde, l'on termine
en donnant un violent coup de feu. Toutes
les deux heures on retire avec les ringards
des canaux les scories plombifères et ferri-
fères; les dernières contiennent du cuivre.
On enlève à la fois, le plus vite possible, les
carcasses, et on les jette avant qu'elles soient
refroidies dans l'eau; elles sont recouvertes
d'une croûte de métaux oxydés que l'on fait
tomber avec des marteaux. Cette opération
dure environ vingt-quatre heures. Ordinai-
nairement les pièces liquatées perdent le
tiers de leur poids dans le ressuage.

Le cuivre est ensuite soumis à l'affinage
comme il a été dit plus haut. Quelquefois les

pains ainsi ressués sont fondus et coulés en grains, on les grille de nouveau, et on les refond avant de les affiner.

Les scories de rafraîchissage et de liquation, les cendres et litharges de coupellation, les scories et écailles de ressuage sont traitées en masse dans une espèce de fourneau à manche ; on ajoute à ces débris les soles de coupelle et de ressuage qui peuvent contenir du plomb argentifère, les schlichs, les débris de fourneau et un peu de cuivre noir pauvre. La masse fondue se rend dans le bassin de réception qui d'un côté touche à un plan incliné, et de l'autre communique à un bassin de percée ; les scories surnagent et s'écoulent sur le plan incliné, le plomb uni au cuivre et à l'argent s'amasse au fond, il s'écoule de là dans le bassin de percée. On obtient par cette opération des pains métalliques contenant du plomb pauvre, qui sont liquatés. Les scories riches sont repassées trois fois au même fourneau, quelquefois avec addition de fer et de fluate de chaux.

Les crasses obtenues à l'affinage du cuivre contenant encore une partie notable de ce métal, sont fondues de nouveau dans un fourà manche, mêlées avec les scories de la troisième refonte de l'opération précédente. On obtient par cette fusion des masses cuivreuses mélangées de plomb, de fer, qui sont soumises au ressuage.

Tous les débris de fourneau, retirés des différentes fusions, contiennent encore une assez grande proportion de métal pur ou oxydé, mécaniquement disséminé dans les masses; on les bocarde à sec et à l'eau, puis on les lave sur une table à secousses, et on les repasse, comme nous l'avons vu plus haut, dans le fourneau à manche.

Nous avons insisté sur le traitement de ces débris et rebuts, parce que trop souvent on perd, par la négligence avec laquelle on les abandonne, une partie notable des produits que contient le minerai, tandis que dans les usines bien dirigées on ne se lasse, pour ainsi dire, jamais de les repasser.

PROCÉDÉ D'AMALGAMATION.

Depuis quelques années on a appliqué ce procédé pour retirer l'argent qui est contenu dans le schiste cuivreux du Mansfeld, et d'après plusieurs essais, nécessités par l'impossibilité où l'on était d'amalgamer le schiste lui-même à cause de sa pauvreté, M. Schwarz trouva que la matte de cuivre obtenue de la fusion du schiste, et non grillée, était le produit le plus propre à soumettre à l'amalgamation, et que cette opération pouvait se conduire de la manière suivante : d'abord on cherche, par un grillage en plein air, à attendrir la matte argentifère et à la préparer à la pulvérisation ; par là on volatilise une partie du soufre, et l'on acidifie une autre partie, tandis que tous les métaux, excepté l'argent, sont oxydés. Ce grillage s'opère à trois reprises, et à chaque fois on casse de nouveau les morceaux.

On divise ensuite la matte grillée par un bocardage à sec, on passe à travers un crible ; ce qui reste sur le crible, qui a trente-deux trous par pouce, est bocardé de nouveau, et on achève de pulvériser par une mouture entre des meules de grès. On grille au four à réverbère la matte moulue, pour oxygéner les métaux que l'on agite sans relâche sur la sole, pour chasser le plus possible de soufre, et faire passer à l'état de sel ou de sulfure les métaux oxydés et l'argent, par leur combinaison avec l'acide sulfureux et le soufre non dégagé. Ensuite pour décomposer ce sel, séparer le soufre des métaux et faire passer l'argent à l'état d'argent muriaté, on mélange cette matte de cuivre avec du sel ordinaire et de la chaux carbonatée, qu'on arrose d'eau jusqu'à ce que le tout forme une bouillie, le sel est dans la proportion de dix pour cent, et la chaux de quatorze pour cent de la matte. Dans cette opération, il se fait un dégagement de chaleur et une effervescence produite par le dégagement de l'acide carbonique. Une partie de l'acide sulfurique s'unit à la chaux, une autre à la soude, tandis qu'une partie de l'acide muriatique du sel s'unit à l'argent.

Cette masse étant endurcie par la combinaison chimique, on la sèche sur des tables, on la bocarde, on la crible et on la moud une seconde fois; on grille de nouveau au four à réverbère. La décomposition de la matte de cuivre s'achève, l'union de l'acide muriatique à l'argent devient plus générale, celle de l'acide sulfurique à la soude plus complète, et on obtient de ce grillage : 1° de l'argent muriaté; 2° des oxydes de cuivre, de fer; 3° des sulfates de soude et de chaux.

La séparation de l'argent, dans la matte, se fait alors facilement en l'amalgamant avec du mercure dans des tonneaux d'almalgamation (*voyez* art. ARGENT et OR). Dans ces tonneaux, on ajoute du cuivre métallique qui s'empare de l'acide muriatique, uni aux autres métaux ; le mercure s'unit à l'argent, et il reste des oxydes et des sulfates. L'opération dure dix-huit à vingt heures ; on remplit ensuite les tonneaux d'eau ; on les fait tourner pendant une heure ; et quand l'amalgame est réuni au fond, le mercure argentifère est retiré des tonneaux et mis dans des sacs de coutil, le mercure en excès passe par les mailles du coutil et l'amalgame reste : alors on sépare l'argent du mercure contenu dans l'amalgame par la distillation. Le mercure se volatilise, l'argent au contraire demeure dans le vase ; cet argent est ensuite fondu dans un creuset, et affiné avec un peu de plomb.

Les masses restées dans les tonneaux sont lavées et agitées pour en retirer les petites parties de mercure qu'elles contiennent, et qui se précipitent en vertu de leur pesanteur ; les métaux oxydés et muriatés, après avoir été égouttés, sont broyés avec vingt-cinq pour cent d'argile sous des pilons dont les extrémités portent un couteau de fer. Lorsque ce mélange est bien effectué, on lui donne à la main la forme de boules qui sont traitées ensuite au fourneau à manche pour en obtenir le cuivre noir. Ce cuivre noir est ensuite affiné, mais plus difficilement que celui qui reste après la liquation; aussi l'on conseille d'employer une aire d'affinage plus aplatie et moins profonde, de donner moins de vent et moins de charbon. Si pendant la fusion on retire un essai, le cuivre a une belle apparence rouge, il est fort cassant, dentelé à la cassure, et jaune clair à l'intérieur. Il augmente ensuite en rougeur, sa cassure est plus fine et plus jaune; ces propriétés deviennent encore plus marquantes, et il se forme à l'extrémité un petit amas composé d'un grand nombre de petites aspérités; l'opération est alors finie.

Ce procédé d'amalgamation, sans parler des autres avantages importants qu'il procure sur celui de la fusion et de la liquation, est surtout préférable par la plus grande quantité d'argent qu'il rapporte, et par la plus belle apparence de cet argent à l'état fin. D'un autre côté il fournit moins de cuivre noir ; mais le cuivre pur qu'on retire de celui-ci est meilleur que celui obtenu à l'aide du plomb.

Les minerais de cuivre aurifère sont traités aussi par le procédé d'amalgamation, et l'on pourra opérer selon la méthode décrite ci-dessus.

On emploie dans les usines de Birmingham en Angleterre, pour séparer en grand l'argent du cuivre, un procédé qui mérite d'être mentionné, parce qu'il n'est en usage partout ailleurs que lorsque l'on agit sur des petites quantités, comme dans les essais docimastiques. Ce procédé consiste à dissoudre l'alliage dans de l'acide nitrique, et à précipiter l'argent de sa dissolution par une nouvelle portion d'alliage lorsqu'il est suffisamment cuivreux, ou par des plaques de cuivre dans le cas contraire. Il ne faut, pour cette opération dans le premier cas, que la quantité d'acide nécessaire pour dissoudre le cuivre, quantité qui pourra devenir bien moins forte si l'on parvient à ramener à l'état d'acide nitrique le gaz nitreux qui se dégage.

Ce procédé ne peut être employé que là où l'acide nitrique est à très-bas prix, comme en Angleterre, où le nitre de l'Inde ne paie presque aucun droit.

Le nitrate de cuivre résultant de ce traitement peut se vendre pour préparer les couleurs cuivreuses, et entre autres les cendres bleues.

On a fait divers essais pour substituer l'acide sulfurique à l'acide nitrique; mais l'expérience a démontré que le traitement par l'huile de vitriol présentait des difficultés que l'on n'a pu surmonter jusqu'ici, et qui sont causes qu'il a été généralement abandonné.

Avant de terminer tout ce qui a rapport au traitement métallurgique des minerais de cuivre, nous ne croyons pas devoir passer sous silence quelques essais assez heureux qui ont été faits dans le pays de Galles, pour condenser les vapeurs délétères qui s'élèvent dans les usines où l'on traite le cuivre. Ces vapeurs, nommées dans le pays fumée de cuivre, se composent de fumée de houille, vapeur tout à fait innocente, et d'acides sulfureux, sulfuriques, arsenieux, d'arsenic, de gaz et de vapeur fluoriques, et de matières entraînées mécaniquement.

L'appareil destiné à condenser ces vapeurs

qui a le mieux réussi est de l'invention de M. John Henri Vivian ; il se compose d'un large canal, *(pl.* VIII, *fig.* 2) qui traverse toute l'usine, et qui se prolonge à l'extérieur sur une longueur d'environ cent mètres : ce canal aboutit à une cheminée de trente mètres environ d'élévation ; entre l'usine et la cheminée, le canal est interrompu par plusieurs chambres destinées à rendre la fumée stationnaire pendant quelques instants, et à permettre le dépôt des matières suspendues mécaniquement. Chacune de ces chambres est divisée par des cloisons verticales, qui ont à leur extrémité latérale opposée une ouverture pour donner passage à la fumée ; celle-ci est forcée de circuler horizontalement, comme on le comprendra par l'inspection de la figure, et se trouve en contact avec l'eau qui, amenée au-dessus de la chambre, tombe en pluie en passant à travers les trous ménagés dans une plaque de cuivre servant de couverture, qui la distribue ainsi régulièrement. Le canal monte légèrement jusqu'à la première chambre, puis il descend un peu à partir de ce point vers la cheminée, afin que l'eau s'écoulant dans la même direction que la fumée favorise le tirage.

Pour augmenter le tirage de la grande cheminée, on a construit auprès d'elle un fourneau (M) de fusion que l'on y a fait déboucher; ce qui n'a pas d'inconvénient, parce que la fumée des fourneaux de fonte se compose presque uniquement des produits de la combustion du charbon.

L'arsenic se dépose dans les chambres à pluie; l'acide arsenieux se dépose en partie et se dissout dans l'eau. Les acides sulfurique et arsénique sont en grande partie absorbés par l'eau, ainsi que les acides sulfureux et fluoriques; les substances entraînées mécaniquement se déposent en boue; il n'échappe à la condensation qu'une portion d'acide sulfureux.

Cet appareil pourrait être adopté nonseulement dans les usines où l'on grille le cuivre, mais encore dans les fabriques d'acide sulfurique et tous les ateliers d'où il s'échappe des vapeurs délétères.

ZINC.

Le zinc, connu seulement depuis le seizième siècle, est un métal solide, blancbleuâtre, lamelleux, ductile, cassant, fusible au-dessous de la chaleur rouge et se volatilisant au-dessus de cette température. Il doit toujours être fondu dans des vases fermés, parce qu'autrement l'oxygène de l'air à une température élevée le convertirait en un oxyde blanc très-léger. Parmi les métaux usuels, le zinc est le plus léger après l'antimoine.

Le zinc se rencontre dans la nature, à l'état d'oxyde silicifère ou *calamine*, à l'état de carbonate et à l'état de sulfure ou *blende*.

La calamine ou zinc oxydé silicifère existe cristallisée et sous les formes aciculaire, lamelliforme, concrétionnée, compacte, caverneuse et terreuse.

Ce minerai est facile à pulvériser : ses couleurs sont le blanc, le blanchâtre, le jaunâtre, le rougeâtre, selon qu'il est plus ou moins mélangé d'argile ferrugineuse. Il est soluble en gelée dans l'acide nitrique.

Le zinc sulfuré ou blende se présente en cristaux et sous les formes lamellaires, et concrétionnée ; il est transparent, translucide ou opaque ; ses couleurs sont le jaune citrin, le rouge, le verdâtre, le brun et le noirâtre. Ce minerai est tendre et très-lamelleux, facile à rayer avec une pointe d'acier; sa poussière est ordinairement grise ou d'un brun grisâtre.

Il est infusible au chalumeau, même avec addition de borax; répandant une odeur de soufre par l'injection de la poussière dans l'acide sulfurique ou huile de vitriol.

Le zinc sulfuré se distingue du plomb sulfuré avec lequel il a quelquefois de la ressemblance, en ce que la trace d'une pointe d'acier est terne sur le premier, et conserve l'aspect métallique sur le second. Le zinc sulfuré, terni par la vapeur de l'haleine, ne recouvre que peu à peu son éclat par le desséchement; celui du plomb sulfuré reparaît à l'instant.

Le zinc sulfuré ne peut être confondu avec l'étain oxydé, parce que le premier est beaucoup plus tendre, plus fortement rayé par une pointe d'acier, qu'il se brise facilement par la percussion, et que l'étain oxydé est d'ailleurs plus pesant, dans le rapport d'environ 5 à 3.

C'est principalement de la calamine que l'on a extrait pendant longtemps le zinc métallique; actuellement on commence à traiter le sulfure pour en obtenir le métal.

Le zinc oxydé et carbonaté se rencontre

ordinairement en couches et en amas considérables dans les terrains secondaires, calcaires, argileux et arénacés. Ce minerai dans l'Amérique se rencontre aussi dans les terrains primitifs. La calamine est souvent accompagnée de fer hydraté, de plomb et de fer sulfurés.

Le zinc sulfuré ou blende se rencontre presque toujours en filons et en petits amas dans les montagnes primitives, intermédiaires et secondaires ; il est ordinairement accompagné de quartz, de chaux carbonatée, de fer et de plomb sulfurés.

Les principales mines de zinc oxydé et carbonaté sont celles de la Belgique, de l'Allemagne et de l'Angleterre ; les principaux gisements du zinc sulfuré existent en France et en Angleterre. Au reste, il est assez commun en Allemagne, en Belgique, etc.

PRÉPARATION DU ZINC PAR LA CALAMINE.

En Silésie, on prépare la calamine au traitement métallurgique par une exposition à l'air, qui dure trois mois pour la calamine rouge et neuf à douze mois pour la blanche ; la première perd dans cette préparation quinze pour cent; la seconde au moins cinquante. On dispose le minerai en petits tas de quelques quintaux, que l'on retourne de temps en temps. A mesure que l'argile se délite on trie de nouveau, et on casse les morceaux.

Après le triage, on grille le minerai en tas ou dans des fours à réverbère, ou dans des fours ayant assez d'analogie avec ceux où l'on cuit la chaux. (*Pl.* I, *fig.* 1, 2, 3, 4). Ce grillage ne doit pas être poussé trop loin, de peur de décomposer et de volatiliser une partie du minerai; le grillage n'a lieu que pour détruire la cohésion et volatiliser l'acide carbonique, et l'eau que le minerai contenait.

Dans quelques usines on ne calcine pas la calamine; beaucoup d'essais ont cependant prouvé que la calamine calcinée était non-seulement plus facile à distiller, mais qu'elle donnait encore trois ou quatre pour cent de plus en zinc. Les fours que l'on emploie en Silésie pour cette opération ne diffèrent des fours à réverbères ordinaires, qu'en ce qu'il y a sur les deux parois latérales du four des portes de travail par lesquelles les ouvriers peuvent au moyen de râbles étendre, remuer et retirer le minerai. Ces fourneaux ont de plus une ouverture au milieu de la voûte, par laquelle on introduit la calamine.

La calamine grillée par l'un des moyens indiqués doit être réduite, en une poudre assez fine, sous des meules qui tournent verticalement ou horizontalement; quelquefois on la tamise.

Quoique dans les différents procédés employés le zinc s'obtienne toujours par la réduction de l'oxyde par le charbon, il nous paraît utile d'indiquer quelques-uns de ces procédés.

A Liége, où il existe une des plus belles fonderies de zinc connues, on opère de la manière suivante : on fait un mélange de deux parties de calamine grillée et pulvérisée, d'une partie de terre houille ou houille maigre menue, et d'une partie de résidu d'une opération précédente. On introduit ce mélange dans des cylindres de terre réfractaire d'environ quatre vingt-dix centimètres de longueur sur dix-huit centimètres de diamètre extérieur, et d'un demi-centimètre d'épaisseur. Ces cylindres sont fermés à un bout; à l'autre, on adapte un tube conique en fonte d'environ trente-huit centimètres de longueur.

On place ces cylindres dans un double fourneau en briques réfractaires armé de barres de fer. Ce fourneau est une espèce de chambre ayant la forme d'un carré long et étroit; il est séparé en deux parties, et sa façade est percée d'ouvertures régulièrement placées, par lesquelles on arrange et charge les cylindres aux deux extrémités du fourneau; il y a un foyer qui est alimenté par de la houille grasse. On dispose les cylindres dans le fourneau, en ayant soin de leur donner un certain degré d'inclinaison; ces cylindres sont disposés en six rangées horizontales, dont chacune est composée de huit cylindres; entre chaque cylindre il règne un espace vide par où la flamme et la chaleur peuvent serpenter facilement pour les chauffer au rouge-clair.

Le fourneau a une profondeur à peu près égale à la longueur des cylindres; de sorte que ceux-ci reposent à une extrémité sur des briques qui font saillie, et de l'autre sur le bord des ouvertures de la façade du fourneau.

On place les cylindres dans le fourneau; on les charge; on adapte le tube conique en fer à leur extrémité ouverte en luttant bien les jointures. A l'extrémité de ce tube horizontal on en ajoute un second en cuivre d'une longueur de soixante à soixante-dix centimètres, et qui est terminé par une petite ouverture par où doivent se dégager les gaz. On met le feu au fourneau dont le tirage est très-fort : bientôt les cylindres rougissent et le dégagement des gaz a lieu. On ôte de temps en temps le tube en cuivre, et on remue la matière au moyen d'un ringard en fer. Après avoir fait quelquefois cette opération, et lorsque l'on aperçoit qu'une partie du mélange est réduite, et que les flammes bleuâtres dues à la combustion du zinc dans l'air sont abondantes, on ôte le second tube, et au moyen d'une cuiller en fer on tire la partie du mélange qui est à l'entrée, et on la fait tomber dans une espèce de casserole ou vase en cuivre. On coule dans des moules le zinc métallique qui occupe la partie inférieure de la casserole, et on conserve les parties qui surnagent ou qui les recouvrent; elles sont composées d'oxyde de zinc, de zinc, etc. Ces impuretés sont mises à part pour être retraitées dans une nouvelle réduction de calamine, où elles sont employés dans la proportion d'un quart.

Comme le four est chauffé continuellement et que les cylindres y sont à demeure, jusqu'à ce qu'ils soient dégradés et hors de service, on a soin de décharger successivement tous les cylindres, et de les recharger de nouveau, et on continue l'opération comme nous venons de l'indiquer.

Lorsque les cylindres sont dégradés, on les enlève et on les remplace par d'autres que l'on a échauffés préalablement pour empêcher qu'ils ne se fêlent au moment de leur introduction.

En Angleterre, dans les usines des environs de Bristol, de Birmingham et de Sheffield, on pratique le procédé suivant : la calamine dont on a séparé la galène par le triage est calcinée au four à réverbère ; quelquefois on ne la calcine pas, et la calamine, cassée de la grosseur d'une noix, est mélangée avec partie égale de houille menue.

Les fours dans lesquels s'opère la tion de la calamine sont rectangulaires ou ronds (*pl.* V. *fig* 2, 3, et 4) ; ils renferment six ou huits pots. Les fours circulaires sont plus faciles pour le travail ; le fourneau représenté (*pl.* V) est circulaire ; il est enveloppé d'un cône qui lui sert de cheminée; des trous (dd) pratiqués à la partie supérieure de la voûte, qui est en dôme, laissent à la fumée un passage libre pour se rendre dans la cheminée : c'est aussi par ces trous que l'on remplit les creusets, et ils permettent aux ouvriers de surveiller le feu; aussi ne sont-ils jamais fermés tous à la fois. Les pots sont introduits dans ces fourneaux en démolissant les petits murs (aa); ceux que l'on introduit pendant que le four est en activité, sont préalablement chauffés dans un four destiné à cet usage : ce four est composé d'une aire, sur laquelle est placée le pot ou creuset, et à chaque extrémité il y a un petit foyer; le transport et le placement se font au moyen d'une pince montée sur deux roues. (*Pl.* V, *fig.* 5). Les pots sont faits en argile; ils sont percés à leur partie inférieure d'un trou par lequel le zinc coule dans le condenseur. Ce trou correspond à une ouverture disposée à cet effet dans la sole supérieure du fourneau. Un tuyau de tôle (i) que l'on nomme condenseur, légèrement conique, et portant à sa partie supérieure un petit rebord, s'adapte sous le creuset vis-à-vis le trou; il est fixé au moyen de deux tringles en fer (kk) représentées (*fig.* 4). Un autre tube cylindrique en tôle (h) s'adapte au condenseur, et conduit le zinc dans le bassin de réception (g) qui est en tôle et placé sur l'aire de l'étage inférieure. Pour charger les pots on commence par boucher le trou inférieur au moyen d'une pièce de bois convenable, et qui en se charbonnant empêche que le mélange de calamine et de charbon introduit par la partie supérieure ne s'écoule. On laisse le trou du couvercle ouvert pendant environ deux heures après la charge, jusqu'à ce que la couleur bleue de la flamme indique un commencement de réduction. A cette époque, on ferme ce creuset avec un plateau d'argile, et on place les tuyaux de tôle à la suite des condenseurs, et au-dessous de ces tuyaux les vases aussi en tôle destinés à recevoir le métal ; quelquefois ces vases sont remplis d'eau pour empêcher le zinc qui tombe de jaillir au-dehors. Pendant toute la durée de la réduction d'une charge, le seul soin des ouvriers est d'alimenter le feu et de déboucher les condenseurs, qui sont quelquefois engorgés par le zinc qui s'y amasse en trop grande abondance ; ils le font en déterminant la fusion du métal, au moyen d'une tige recourbée de fer rouge qu'ils introduisent par la partie inférieure : le zinc recueilli dans cette opération est, sous forme de gouttes et de poudre très-fine, mélangé d'oxyde; on le fond dans une chaudière en fer, on écume l'oxyde qui est à la surface, et on coule le métal dans des moules; l'oxyde recueilli est retraité dans une opération suivante; pour décharger les creusets à la fin de chaque opération, on retire le condenseur; l'ouvrier brise alors avec un ringard le charbon qui bouche le fond du creuset, et le résidu tombe; il achève de vider en agitant par la partie supérieure. Pour replacer le condenseur, on met une bande d'argile humide sur le rebord, qu'il porte à sa partie supérieure, et on le serre contre le fond du creuset, au moyen du petit mécanisme représenté (pl. V, fig. 4).

Trois hommes sont employés pour le travail d'un four, un chef et deux manœuvres; ils fabriquent eux-mêmes les pots avec un mélange de partie égale d'argile réfractaire crue et d'argile calcinée, provenant des débris des vieux pots : la durée moyenne de ces pots dans le four de réduction est de quatre mois.

En Silésie, l'opération, basée sur les mêmes principes, se conduit différemment. La calamine est également réduite par le charbon; mais au lieu d'obtenir le zinc par la fusion et son écoulement dans un vase inférieur, c'est par la distillation qu'on le sépare de sa gangue; on se sert pour cette distillation de moufle d'une forme demi-elliptique, faite avec une argile réfractaire blanche, mêlée de poudre de vieux têts. Ces moufles peuvent contenir un demi-quintal de minerai mélangé avec son volume de coke pulvérisé; leur face antérieure est fermée par un plateau d'argile percé de deux ouvertures, dont la plus basse sert à nettoyer la moufle, et la supérieure reçoit le col du récipient. Ce col est fait en argile rouge commune, mêlée d'un tiers de vieux têts; ces moufles sont préalablement rougies au feu, puis transportées au moyen de barres de fer et de planches, dans le fourneau à distiller qui est déjà chauffé; on ferme la face antérieure des moufles; on place les cols et les tuyaux en luttant avec de l'argile maigre, puis on charge le mélange de calamine et de coke dans les moufles par les cols. On chauffe à la houille; le zinc réduit par le carbone est conduit à l'état de vapeur dans le récipient où il se condense, mélangé de quelques parties d'oxyde; ce zinc est ensuite purifié par la fusion qui s'exécute dans des pots de fer, où on puise le zinc avec une cuiller pour le couler sur une plaque de grès horizontale; le déchet dans cette fonte est d'environ quinze pour cent. Les crasses qui contiennent beaucoup de zinc et d'oxyde sont repassées à la distillation avec de nouvelle calamine.

Dans ce procédé cent quintaux de calamine calcinée donnent à la distillation quarante-huit quintaux de zinc et d'oxyde, qui perdent à la purification à peu près sept quintaux de crasse, contenant encore à peu près quatre quintaux de zinc.

PRÉPARATION DU ZINC PAR LE ZINC SULFURÉ OU BLENDE.

Le zinc sulfuré pur, et convenablement grillé, est absolument de même nature que la calamine grillée; on peut donc l'employer comme elle pour en extraire le zinc, le laiton, etc. En vain concevrait-on encore quelques doutes sur cette parfaite identité, ils doivent disparaître devant les expériences faites en Angleterre, et notamment par M. Boucher.

Le zinc sulfuré et grillé a même cet avantage sur certaines calamines grillées, qu'il renferme plus de métal, puisque M. Berthier et d'autres ont trouvé, par l'analyse, que le sulfure de zinc de Pontpéan en France est beaucoup plus riche en métal que la calamine de Limbourg.

En Angleterre on retire le zinc de la blende, en lavant le minerai cassé en très-petits morceaux, le grillant dans un four à réverbère de 3^m,20 centimètres de largeur sur 4 mètres de longueur; la distance de la voûte à la sole est de 9^m,90 centimètres, la hauteur de l'autel de 5^m,95 centimètres. La couche de blende que l'on place sur la sole a environ 1^m,65 centimètres d'épaisseur, et on l'agite presque continuellement.

La réduction du minerai se fait dans les mêmes fourneaux que ceux qui servent à la réduction de la calamine. On prépare la charge des pots en faisant un mélange d'un quart de blende grillée, d'un quart de calamine calcinée, et d'une moitié de charbon; ce mélange donne communément trente pour cent de zinc.

A Goslar, en Allemagne, on a retiré, pendant très-longtemps, une certaine quantité de zinc dans la fonte des minerais de plomb ou de cuivre qui renfermaient de la blende; la fonte de ces minerais se faisait dans un fourneau à manche dont le laboratoire était comme divisé en deux parties : par la moitié à peu près du fourneau et de la chemise, le chargeur ne mettait que du charbon menu; l'autre était remplie de charbon ordinaire, et le minerai était jeté contre le mur de la tuyère. Le zinc oxydé, chassé par le vent des soufflets contre la chemise du fourneau, pénétrait dans la colonne de charbon menu, dans laquelle la chaleur, et surtout le courant d'air, sont considérablement ralentis; l'oxyde de zinc se revivifiait dans cette partie, coulait en larmes métalliques le long de la chemise, se rassemblait sur une plaque de fonte inclinée, et se rendait dans un bassin de réception.

ÉTAIN.

Ce métal connu de la plus haute antiquité

est solide, presque aussi blanc que l'argent, plus malléable que ductile, très-fusible, acquérant de l'odeur par le frottement, faisant entendre un cri particulier lorsqu'on le plie, et se rangeant au dixième rang des métaux usuels par sa pesanteur spécifique.

L'étain ne se trouve pas à la l'état natif dans la nature; il n'y existe qu'à l'état d'oxyde et de sulfure. Ces deux combinaisons se trouvent ensemble, mais le sulfure ne s'y rencontre qu'en très-petite quantité et très-rarement.

L'étain oxydé se rencontre dans la nature cristallisé sous différentes formes, et formant les variétés sublaminaire, concrétionnée, granuliforme et massive.

Ce minerai a une cassure raboteuse; il étincelle par le choc du briquet, et donne par la trituration une poussière d'un gris cendré plus ou moins clair; il est translucide et opaque. Ses couleurs principales sont le blanc rougeâtre, le blanc grisâtre, le brun, le brun jaunâtre, l'orangé brunâtre, le brun noirâtre et le noir; ces deux couleurs sont les plus communes. Ce minerai est difficile à fondre et à réduire par le chalumeau.

L'étain oxydé se distingue du zinc sulfuré

en ce que celui-ci n'étincelle pas comme l'étain sous le briquet, et se divise facilement en lames, à l'aide du couteau, tandis que l'étain oxydé n'est divisible que par une percussion assez forte.

Il se distingue aussi du wolfram ou tungstate de fer en ce que ce dernier n'étincelle pas sous le choc du briquet.

L'étain sulfuré se présente sous les variétés laminaire et massive. Il est fragile; facile à entamer et à pulvériser; sa cassure est inégale et offre le brillant métallique. Il est d'un gris d'acier quand il est pur; mais il est souvent mêlé à du cuivre pyriteux, qui lui donne une |couleur d'un jaune de laiton ou d'un jaune de bronze. Sa poussière est noire et sans mélange de rougeâtre. Il fond aisément, à l'aide du chalumeau, en répandant d'abord une odeur sensible de soufre brûlé et donnant ensuite une scorie noirâtre.

L'oxyde d'étain se trouve en filons, en amas, et dans des alluvions; celui-ci est préférable, parce que n'étant pas accompagné de substances étrangères pesantes, il n'a besoin que d'un lavage pour être obtenu à peu près pur. L'étain n'est pas très-répandu dans la nature ; on n'en retire principalement que des Indes-Orientales, de l'Angleterre, de la Saxe, de la Bohême, de l'Espagne, et rarement de l'Amérique méridionale, où le minerai d'étain d'alluvion est abondant.

PRÉPARATION MÉCANIQUE.

La préparation mécanique du minerai d'étain, varie suivant la composition de sa gangue. Lorsque le minerai d'étain provient d'alluvion, il est sous forme de galets plus ou moins arrondis, d'une grosseur très-variable, et composés d'oxyde d'étain, de quartz ou de grani, et d'autres substances pierreuses, mais sans aucun mélange de substances sulfureuses, arsenicales, ou métalliques ; l'on y a trouvé quelquefois des parcelles de fer oxydé, mais il est trop rare et en trop petite quantité pour que sa présence puisse nécessiter une modification dans le traitement mécanique du minerai. Ce traitement est très-simple : après un premier lavage, exécuté sur des tables dormantes de grande dimension, on fait un triage de grosseur au moyen du criblage.

Les morceaux restés sur le crible sont soumis à un triage en raison de leur richesse; ceux qui sont composés d'oxyde d'étain pur sont mis à part pour être fondus, les autres sont réduits en poudre assez fine par le bocardage. On lave cette poussière, ainsi que le sable qui a passé à travers le crible, sur des tables en bois inclinées et peu élevées de la nature de celles que l'on appelle généralement tables dormantes (*pl.* VII, *fig.* 5, A B), sur lesquelles on fait arriver un courant d'eau. Le schlich ou sable d'étain qu'on obtient par ce lavage est ordinairement assez pur pour être fondu immédiatement.

Lorsque l'étain oxydé est extrait des mines, il est accompagné, outre sa gangue pierreuse, de substances métalliques d'une pesanteur spécifique considérable : on est alors obligé d'employer des procédés plus compliqués pour l'en séparer.

Les substances métalliques qui lui sont le plus ordinairement associées sont le tungstate de fer, le fer arsenical, les minerais de fer et le cuivre pyriteux. C'est surtout lorsque le minerai d'étain contient du cuivre pyriteux que l'opération devient plus difficile, parce que le cuivre ayant une grande valeur, on recueille non-seulement l'oxyde d'étain, mais en outre le cuivre pyriteux. Nous exposerons ici le procédé suivi en Angleterre, dans le comté de Cornouailles, où l'étain est mêlé au cuivre.

Les morceaux de minerai que l'on retire des mines ne contiennent pas tous de l'étain, d'autres sont un mélange d'étain et de pyrite de cuivre ; aussi doit-on les trier avec soin, après avoir agité le minerai dans un courant d'eau, ou l'avoir placé sur une grille à travers laquelle tombe un courant d'eau assez fort. Ce débourbage enlève les matières terreuses et ocreuses adhérentes aux morceaux extraits de la mine, et facilite le triage. Celui-ci s'exécute à la main et au marteau ; il a pour but d'isoler autant que possible les minerais d'étain de ceux de cuivre, de mettre à part les pierres contenant à la fois du minerai d'étain et du minerai de cuivre, et de jeter aux déblais les fragments stériles. Dans les mines où le minerai d'étain n'est nullement mélangé de minerai de cuivre, le triage ne fournit alors que le premier et le troisième produit. Les morceaux contenant des deux métaux sont brisés et les fragments triés de nouveau. On réduit en sable les minerais d'étain au moyen du bocardage; lorsqu'ils proviennent d'une mine contenant du cuivre, comme ils sont toujours mélangés de particules de cuivre pyriteux, on doit les réduire en poussière moins fine que lorsqu'ils sont seulement accompagnés de substances pierreuses, parce que l'eau entraînerait une grande quantité de cuivre. La détermination du degré de finesse du sable est réglée par une plaque de cuivre percée de petits trous, formant la partie antérieure du bocard. La poussière qui sort de dessous le bocard, entraînée par le courant d'eau rapide que l'on amène à cet effet, est obligée de passer à travers les trous de la plaque : leur grandeur répondant à la grosseur du sable que l'on veut obtenir, on change cette plaque lorsque l'on veut en faire varier la grosseur. Les bocards dans le pays de Cornouailles sont presque tous mus par des machines à vapeur, ce qui permet d'exploiter une énorme quantité de minerai. L'eau en sortant du bocard passe d'abord dans des compartiments de bois où elle dépose les sables les plus riches, et de là dans des labyrinthes, où elle abandonne les parties les plus fines.

En général, il y a beaucoup de précautions à prendre dans le grain du schlich à obtenir aux bocards des minerais d'étain. Si le schlich est trop gros il retient beaucoup de gangue, s'il est trop fin il y a une grande perte d'étain que l'eau entraîne. La nature de la roche qui sert de gangue et la manière dont elle est combinée avec le métal peuvent seules déterminer dans les dimensions à donner au grain.

Le sable ainsi obtenu est lavé sur des tables appelées caisses allemandes (*pl.* VII, *fig.* 3, A et B). Il se fait trois divisions dans le sable qui est placé sur la table. La partie inférieure composée des substances les plus légères, telles que pierres, oxyde de fer, est rejetée ; la partie moyenne ou qui reste au milieu de la table, se compose principalement de sulfures de fer et de cuivre ; elle est regardée comme du sable provenant du bocard ; quant à la partie supérieure ou la plus pesante, elle est très-riche en étain, et contient encore de la gangue et des métaux étrangers. On la soumet à un nouveau lavage analogue au précédent ; elle donne par cette deuxième opération un minerai qui retient encore des substances métalliques, plus réductibles que l'étain, et qui altéreraient ses propriétés si elles étaient fondues avec lui ; il faut donc tâcher de l'en débarrasser. On ne pourrait pas parvenir économiquement à ce résultat par de nouveaux lavages, parce que la pesanteur spécifique de ces substances se rapproche trop de celles de l'étain ; mais l'oxyde d'étain étant inaltérable à une température modérée, tandis que les pyrites qui lui sont mélangées sont décomposables à cette même température, on emploie la calcination, qui, en décomposant en grande partie les sulfures et les arséniates, diminue leur pesanteur spécifique, et permet alors de séparer les bases métalliques par un lavage subséquent. Cette calcination s'effectue dans des fourneaux à réverbère dont les dimensions sont assez variables ; leur longueur ordinaire est de trois à quatre mètres prise intérieurement ; ils ont de deux à trois mètres de large. La sole est horizontale ; elle est en briques ; la voûte, élevée à peu près de 80 centimètres du foyer, s'abaisse légèrement vers la cheminée. Il n'existe qu'une seule ouverture placée sur le devant, et fermée par une porte en tôle ;

c'est par cette ouverture que l'on charge les matières et qu'on les remue. La cheminée est placée au-dessus de cette porte; elle communique ordinairement à une chambre de condensation, dans laquelle se déposent les vapeurs arsenicales.

Après avoir chargé le minerai, on échauffe graduellement le fourneau, et l'on porte la chaleur jusqu'au rouge-sombre. Un ouvrier remue de temps en temps le minerai avec un râble, pour exposer la surface à l'action de l'air et de la chaleur et en même temps pour empêcher son agglutination; le soufre brûle et l'arsenic se volatilise; il est recueilli dans la chambre de condensation. La calcination est terminée au bout de douze à dix-huit heures; on est averti à la fin de l'opération par l'état du minerai, qui est alors sec comme du sable et ne donne plus de vapeur : on le retire, et on l'expose pendant plusieurs jours à l'action de l'air qui décompose les sulfures de cuivre, et les fait passer à l'état de sulfate. Pour dissoudre ce sel, on met ensuite le minerai dans une cuve pleine d'eau, où on le remue avec un râble de bois; le sulfate formé se dissout; on laisse déposer, on tire l'eau chargée de sels, et l'on en précipite le cuivre avec de la vieille ferraille; on obtient par cette opération du cuivre de cémentation. On juge que l'eau a perdu tout le cuivre qu'elle contenait en y plongeant un morceau de fer poli, qui ne doit pas alors se recouvrir d'une couche cuivreuse.

Le minerai après avoir été lessivé plusieurs fois est alors criblé, pour en séparer les parties qui se sont agglutinées pendant la calcination; le minerai qui a passé à travers le crible est lavé ensuite sur des tables allemandes ou sur des tables jumelles, suivant la finesse du grain. On parvient, par ce troisième lavage, à séparer la plus grande partie des métaux étrangers dont la pesanteur spécifique a été altérée, et l'on amène le minerai à contenir de cinquante à soixante-quinze pour cent d'étain métallique.

La partie restée sur le crible et les déchets du dernier lavage sont bocardés de nouveau.

TRAITEMENT MÉTALLURGIQUE.

La réduction de l'oxyde d'étain en grand est fondé sur l'affinité du charbon pour l'oxygène, qui tend à former avec lui de l'oxyde de carbone ou de l'acide carbonique. Le traitement de ces minerais s'opère en les fondant dans des fourneaux à manche, alimentés par du charbon de bois, ou en exposant un mélange de minerai d'étain et de charbon sur la sole d'un fourneau à réverbère chauffé avec de la houille.

TRAITEMENT AU FOURNEAU A MANCHE.

Les fourneaux à manche dont on se sert aujourd'hui (*pl.* IV, *fig.* 5, A, B et C), et qui donnent un produit plus avantageux, ont près de 5 mètres du fond du creuset jusqu'au gueulard; leur vide intérieur va en diminuant légèrement vers le sommet. Le gueulard est placé à la naissance d'une cheminée longue et étroite, interrompue par une chambre où se déposent les poussières métalliques emportées par le courant d'air. Au bas du fourneau existe le creuset (a), qui est le plus ordinairement en brasque; un soufflet alimente ce fourneau. Au-dessous du creuset est le bassin de réception (b), placé partie antérieurement, partie extérieurement; ce bassin se décharge

15

dans un second bassin. A côté du fourneau est une aire rectangulaire de trois pieds carrés environ (d), élevée de 0^m,65 au-dessus du sol, et inclinée d'environ vingt degrés ; c'est l'aire d'épuration sur laquelle on raffine l'étain. Quelquefois, au lieu de cette aire, il y a un troisième bassin en fonte communiquant avec le second. Le massif du fourneau est construit en pierres de taille, et l'intérieur en briques ou en pierres réfractaires. On charge le fourneau par une ouverture pratiquée à sa partie supérieure.

Les minerais que l'on traite dans les fourneaux à manche sont les plus purs, et particulièrement ceux provenant des sables d'alluvion ; la fonte se fait sans addition. Quand on veut fondre dans ce fourneau, on commence par le chauffer doucement ; ensuite on y charge des couches successives de charbon et de scories, et l'on donne le vent. A mesure que la charge baisse et que les scories coulent, on emplit le fourneau avec du minerai mélangé de scories et de charbon, en mettant à peu près partie égale de minerai mélangé et de combustibles. Au bout de quatre à cinq heures de feu, l'étain commence à tomber goutte à goutte dans le creuset et après vingt à vingt-cinq heures de travail le creuset est ordinairement plein d'étain ; on doit alors le faire couler dans le bassin de réception, pour qu'il puisse se séparer des scories. Ordinairement pendant cette opération, qu'on appelle faire la percée, on arrête les soufflets et l'on suspend les charges ; on a soin de chauffer avant, le bassin de réception, afin que l'étain ne s'attache pas aux parois. On laisse reposer pendant une demi-heure l'étain, qui se divise en zones horizontales de divers degrés de pureté. Les parties les plus lourdes et les plus impures se précipitent ; les crasses très-légères surnagent ; l'étain le plus pur est entre ces deux couches. On enlève ensuite avec une écumoire les crasses qui sont à la surface de l'étain. Quand le minerai d'étain est de première qualité, ce repos suffit pour le purifier, et on le coule en lingots, en plaques, ou en balles, et il est alors livré au commerce. Quand le minerai est de qualité inférieure, l'étain qu'il produit a besoin de subir un autre affinage pour le débarrasser des métaux étrangers, qui sont du fer, de l'arsenic, du cuivre et du bismuth.

Alors le maître fondeur puise l'étain avec une cuillère dans le bassin de réception, et le porte sur l'aire d'épuration, qu'on chauffe avec de gros charbons enflammés, ou dans le bassin d'affinage, sous lequel on entretient un feu modéré; il verse doucement l'étain sur les charbons, au travers desquels le métal filtre et va se rendre dans le bassin de réception placé au bas de l'aire. Si l'affinage a lieu dans le bassin, on écume les scories, et on puise à la surface du bain l'étain que l'on coule en saumons. Les impuretés sont ainsi toutes réunies dans les derniers saumons qui doivent être refondus. Les métaux étrangers moins fusibles que l'étain ne se fondent pas, et restent sur l'aire sous la forme de crasses qui renferment plus de cinq pour cent d'étain. Elles sont mises à part et traitées dans une opération particulière; l'étain qu'elles donnent est de qualité inférieure. Les scories qui coulent avec l'étain dans le creuset sont ordinairement riches en étain; elles en contiennent souvent de douze à quinze pour cent; on les retraite ordinairement dans des fourneaux à manche moins élevés, et l'opération est la même. L'étain que l'on en obtient est, malgré tous les soins que l'on y apporte de mauvaise qualité.

TRAITEMENT AU FOURNEAU A RÉVERBÈRE.

En raison du bas prix de la houille en Angleterre, on a cherché dans ce pays à l'employer pour fondre le minerai d'étain, et pour cela on a substitué aux fourneaux à manche des fourneaux à réverbère.

Les fourneaux à réverbère employés pour la fonte et la réduction (*pl.* V, *fig.* 1, A, B, C) de ces minerais sont à une seule chauffe. La sole a environ 3^m,3 de longueur sur 1^m,7 à 2^m,2 de large. La voûte est très-surbaissée; dans son point le plus haut, qui est près de la chauffe, elle ne s'élève qu'à 0^m,50 au-dessus de la sole. La grille a environ 0^m,7 de large sur une longueur un peu moindre. La hauteur de la cheminée (H) ne s'élève pas au-delà de huit à dix mètres. Le fourneau est garni de trois portes, une (a) qui sert pour la chauffe, une (b) placée à côté de la sole, et par laquelle on charge, et une (c) pour brasser la masse fondue et faire sortir les scories; celle-ci est placée à l'extrémité de la sole opposée à la chauffe, au dessous de la cheminée. La sole est légèrement concave, et de son point le plus bas (A) part un tuyau qui, passant sous la porte latérale du fourneau (b), conduit à un bassin de réception en briques (B), placé en avant de cette porte, ou à une chaudière en fonte qui en tient lieu. Ce conduit est bouché, pendant la fonte, avec un tampon d'argile ; on ne l'ouvre qu'à la fin de l'opération pour laisser couler l'étain. On fond dans ces fourneaux tous les minerais extraits des mines, et même des sables d'alluvion. On les mélange ensemble dans certaines proportions, suivant la qualité de l'étain que l'on veut obtenir, et de manière que la richesse soit constante et telle que l'on obtienne à peu près de vingt parties de minerais, douze à treize d'étain. On ajoute à l'oxyde d'étain dix ou douze pour cent de houille sèche en poudre la moins bitumineuse possible, qui doit servir de désoxydant ; on ajoute quelquefois un peu de chaux éteinte pour rendre le minerai plus fusible ; dans quelques contrées on mouille le minerai pour qu'il puisse se charger sans se dissiper : on l'étend sur la sole du fourneau, et l'on ferme exactement toutes les ouvertures. On chauffe graduellement, afin de faciliter la réduction de l'oxyde d'étain, et que la petite quantité de gangue qui reste dans le minerai ne puisse pas se fondre et former avec l'étain un émail avant que la désoxydation n'ait eu lieu; au bout de six à huit heures, la réduction est ordinairement complète. On ouvre alors la porte du fourneau, et l'on brasse la matière afin de faciliter la séparation de l'étain et des scories. On enlève ces dernières du fourneau, et l'on fait couler l'étain dans le bassin de réception, où par le repos il achève de se séparer du peu de scories qui sont restées avec lui. L'étain est ensuite coulé en lingots et doit être raffiné avant de passer dans le commerce.

Les scories contiennent souvent une grande quantité de grenailles d'étain que l'on enlève par le bocardage et le lavage. Celles qui contiennent de l'étain en larmes sont refondues.

RAFFINAGE DE L'ÉTAIN.

Cette opération se divise en deux parties; la première est une espèce de liquation, qui s'exécute sur la sole d'un fourneau à réverbère analogue à celui de fonte. Il en diffère seulement en ce qu'il n'a pas ordinairement de bassin de réception (*pl.* V, *fig.* 1), qui a été remplacé par une chaudière en fonte (e) scellée à un des côtés du fourneau, dans laquelle coule l'étain par le conduit (d) à mesure qu'il entre en fusion, et sous laquelle est une grille (f) destinée à recevoir du feu : au-dessus du bassin d'affinage se trouve une potence tournante (K) dans laquelle passe une tige de fer verticale (l), susceptible de monter et de descendre ; cette tige porte à son extrémité inférieure un châssis en fer (g), dans lequel on peut enchâsser des bûches de bois, qu'on fait entrer dans le bain de métal et qu'on y maintient en amenant la potence au-dessus, faisant descendre la tige et la fixant dans cette position.

Dans cette première opération, on range les saumons d'étain sur la sole du fourneau, près de l'autel, et on les chauffe modérément ; l'étain fond et coule dans le bassin de raffinage : au bout de quelque temps les saumons cessent de donner de l'étain, et laissent sur la sole un résidu formé de la plupart des métaux étrangers. On range alors de nouveaux saumons sur les restes des premiers et on continue ainsi jusqu'à ce que le bassin de raffinage soit rempli. Les résidus sont mis à part pour être retraités.

Alors commence la deuxième partie du raffinage : on allume du feu sous la chaudière pour maintenir l'étain en fusion ; on enfonce dans le bain d'étain des bûches de bois vert au moyen du châssis décrit plus haut. Le dégagement de gaz auquel ce bois donne lieu produit un bouillonnement constant dans l'étain, et cause dans le bain une agitation qui amène à sa surface de l'écume, et permet aux parties les plus impures et les plus lourdes de se précipiter. L'écume composée d'oxyde d'étain et de métaux étrangers est enlevée et rejetée à mesure dans le fourneau. Lorsqu'on juge que l'étain a suffisamment bouilli, on retire le bois, et on laisse reposer le bain. Il se sépare en couches de pesanteur et de pureté différentes. Le plus pur se porte à la partie supérieure, tandis que l'inférieure contient les métaux étrangers. On coule alors l'étain en lingots dans des moules de granit ou de fonte. L'étain qui provient de la partie supérieure du bain est connu sous le nom d'étain raffiné, et celui des parties inférieures doit être soumis à un second raffinage. L'opération du raffinage dure cinq à six heures, savoir : une heure pour remplir le bassin, trois pour faire bouillir l'étain avec le bois vert, et une ou deux heures pour laisser reposer le bain.

Souvent à l'ébullition artificielle par le bois vert on substitue une opération plus simple, qui consiste en ceci : un ouvrier prend de l'étain dans une espèce de poche, et le laisse retomber dans la chaudière d'une certaine hauteur, de manière à agiter toute la masse. Il renouvelle cette opération continuellement pendant un certain temps; après quoi il écume la surface du bain, et le laisse reposer.

Les résidus restés sur la sole du fourneau à réverbère sont soumis de suite à une température plus élevée qui détermine leur fusion; on fait couler cet alliage dans un bassin distinct où on le laisse reposer; la partie supérieure est ensuite coulée en saumons comme étain impur qui a besoin d'être raffiné : l'alliage qui se dépose au fond n'est bon à rien.

Pour obtenir l'étain sous forme de larmes, on laisse tomber d'une certaine hauteur les saumons d'étain chauffés jusqu'au point de rendre le métal cassant; la masse se partage en fragments qui présentent un aspect particulier.

PLOMB.

Le plomb, connu de toute antiquité, est un métal solide, blanc bleuâtre, brillant, mou, très-malléable, très-fusible, communiquant une odeur particulière lorsqu'on le frotte entre les mains, altérable à l'air humide, et se rangeant par sa pesanteur spécifique au quatrième rang parmi les métaux usuels.

Les minerais de plomb sont très-nombreux; le plus commun et celui dont on l'extrait ordinairement est le plomb sulfuré, qui se trouve dans la nature en masses considérables : c'est presque le seul minerai qui soit l'objet d'une exploitation particulière; quelquefois, mais rarement on exploite séparément les plombs oxydés et carbonatés. Les autres espèces de minerai de plomb sont confondues dans le traitement des trois minerais précédents.

Le plomb sulfuré est souvent en cristaux cubiques, octaédriques, etc. Tous ces cristaux se divisent aisément par la percussion en petits solides cubiques.

La couleur du plomb sulfuré [est le gris métallique du plomb, mais plus éclatant. Il est non malléable; réductible en une multitude de parcelles, lorsqu'on le râcle avec le couteau; les morceaux les plus brillants sont en même temps les plus durs.

Le plomb sulfuré varie dans son tissu; on connaît les variétés laminaire, lamellaire, granulaire, compacte, striée et spéculaire. La variété lamellaire est en petites lames ou écailles brillantes, qui se croisent dans tous les sens. La granulaire dont le grain terne est si serré qu'on ne l'aperçoit qu'à la loupe. La striée est en stries plus ou moins larges, quelquefois divergentes, et alors on la connaît sous le nom de galène palmée. La spéculaire a un poli qui rend ses surfaces miroitantes.

Lorsque le plomb sulfuré contient de l'argent et de l'antimoine, il est d'un gris de plomb tantôt presque mat, tantôt un peu luisant, qui passe quelquefois au noirâtre, et sa cassure est à grain fin.

Le plomb sulfuré se distingue du zinc sulfuré à couleur grise, en ce que la trace d'une pointe de couteau est terne sur celui-ci, et conserve son éclat métallique sur le premier. Il se distingue du fer carburé ou plombagine par sa pesanteur spécifique qui est au moins triple. Il n'a point comme la plombagine sa surface grasse, ni le toucher onctueux, et ne laisse pas comme elle de fortes traces grises sur le papier.

Le plomb carbonaté est presque toujours cristallisé, ou du moins il a un aspect cristallin. La cassure de ce minerai est ondulée, éclatante et a ordinairement un aspect gras; il est tendre et fragile, transparent, translucide et opaque. Ses couleurs sont le blanc, le jaunâtre, le rougeâtre, le bleu, le brunâtre et le noir.

Le plomb carbonaté se distingue de la chaux carbonatée spathique ou cristallisée, en ce que celle-ci a une pesanteur spécifique moindre de plus de moitié que celle du plomb carbonaté. Ce minerai ne peut se confondre avec la baryte sulfatée ou spath pesant, parce que cette dernière n'est pas attaquable par l'acide nitrique ou eau-forte.

Les minerais de plomb se trouvent dans les terrains primitifs, intermédiaires et secondaires, en filons, couches ou amas, ou disséminés en grains dans la masse pierreuse. Ils sont ordinairement accompagnés par de la chaux carbonatée, du quartz, de la baryte sulfatée, de la chaux fluatée, et souvent du sulfure de zinc, de fer et de cuivre.

Les principales mines de plomb existent en France, à Poullaouën en Bretagne, et dans la Lozère, en Belgique près de Namur, en Allemagne à Tarnowitz; en Angleterre, dans le Cornouailles.

PRÉPARATION MÉCANIQUE DES MINERAIS DE PLOMB.

Cette préparation consiste, comme pour la plupart des minerais, à les trier, les bocarder et les laver afin de les débarrasser de la gangue qui les enveloppe : mais comme les procédés de lavage, de bocardage et de criblage diffèrent beaucoup dans les différentes usines, nous entrerons dans quelques détails à ce sujet.

A Vialas, dans la Lozère, le minerai mélangé d'une grande quantité de pyrites de fer et d'un peu de blende est en sortant de la mine partagé en deux classes : celui qui est le plus mélangé est destiné au bocardage à l'eau, le plus riche à la criblerie.

Le bocard à eau était primitivement composé de trois pilons sous lesquels passait successivement le minerai ; la sole était en quartz : depuis on a substitué des soles de fonte aux soles en quartz, et on a établi les treillis sur le devant des auges, de sorte que les pilons remplissent tous aujourd'hui les mêmes fonctions ; le sable est moins fin, il se perd moins de parties métalliques, et l'opération est moins longue. Le sable passe ensuite sur un tamis incliné, mû par l'arbre du bocard, à travers lequel tombent les parties plus pesantes ; les autres se déposent dans deux caisses, et dans les canaux formant labyrinthe, où elles sont entraînées par l'eau. Les sables déposés dans les deux premières caisses sont lavés sur les caisses allemandes ; les sables et la bourbe provenant du labyrinthe sont lavés sur des tables jumelles ; les morceaux qui ont traversé le tamis sont criblés à la cuve et lavés sur les tables allemandes ; les plus gros sont reportés sous les bocards.

Le minerai destiné à la criblerie est trié de nouveau ; les parties les moins riches sont renvoyées au bocard à eau : le reste est divisé en deux parties. Les morceaux les plus purs mis à part sont pilés et tamisés sur une toile dont les carreaux ont deux millimètres de largeur : tout ce qui passe est du fin sec ; ce qui ne passe pas est pilé une seconde fois. Le fin sec mêlé à la bourbe est soumis directement au grillage.

Selon plusieurs métallurgistes, il serait plus avantageux de cribler à la cuve le fin sec sur un crible plus gros que de le livrer ainsi à la fonderie sans préparation.

Les morceaux les moins purs destinés à la criblerie sont passés au bocard à sec. La sole en fonte de ce bocard a une pente légère ; un ouvrier verse le minerai sur un plan incliné placé derrière l'auge ; un petit garçon placé de l'autre côté fait arriver le minerai sous les pilons, y ramène les morceaux qui s'en échappent sans être pulvérisés, et fait sortir les grains de dessous lorsqu'ils y séjournent trop longtemps. Les minerais pulvérisés sont ensuite tamisés ; ce qui est rejeté du tamis est remis au bocard à sec ; ce qui passe à travers subit un deuxième tamisage plus fin. Le sable est ensuite lavé à la cuve à différentes reprises ;

les parties supérieures sont envoyées au bocard à l'eau; la partie intermédiaire retourne au bocard à sec, la partie tombée dans la cuve est passée sur un crible plus fin : le tout est ensuite lavé sur des caisses allemandes.

Cette opération du criblage à la cuve, qui est également usitée à Poullaouën, paraît présenter de grands avantages quand le minerai est presque massif et peu disséminé, parce qu'il est alors suffisant de concasser le minerai en morceaux assez gros, que la séparation des gangues est promptement faite, et que les déchets qui traversent le crible sont encore suffisamment gros pour être rapidement lavés sur les caisses allemandes. Cette méthode n'est pas aussi avantageuse lorsque le minerai est très-disséminé dans la gangue.

Dans le Cumberland et aux mines de Poullaouën le débourbage et le triage s'exécutent sur une grille composée de barreaux de fer parallèles et espacés de trois centimètres; au-dessous est un plan incliné qui conduit à un bassin hémisphérique; au-dessus est le canal en bois qui amène un courant d'eau sur le milieu. Le minerai brut est placé sur la grille de manière à recevoir le courant d'eau : on remue avec un râble ; les petites parties passent à travers la grille et se déposent dans le bassin au-dessous par ordre de pesanteur : la grille retient les fragments de la grosseur d'une noix et au-dessus ; ces fragments sont cassés et divisés en plusieurs lots. Les morceaux de minerai tout-à-fait purs sont brisés avec un marteau et envoyés à la fonderie sans autre préparation ; les fragments moins purs sont brisés et lavés de nouveau sur la grille anglaise. Les sables très-fins qui ont traversé la grille sont portés au criblage. Les fragments les plus impurs doivent subir un broyage complet. Ce broyage s'exécute à Alston Moor dans le Cumberland, au moyen de cylindres à broyer (*crushing machine* ou *Grinder*) représenté (*pl.* VIII, *fig.* 3, 4, 5). Les minerais sont grossièrement pulvérisés et livrés ensuite au cribleur. Cette méthode est beaucoup plus expéditive et plus économique que le cassage à la batte, exécuté dans beaucoup d'usines. Ces cylindres peuvent remplacer les bocards à sec employés dans quelques établissements, et même dans quelques cas les bocards à eau, sur lesquels ils ont le grand avantage de ne pas perdre des fragments de minerai entraînés par le courant d'eau.

Le criblage s'est longtemps effectué au moyen de cribles à main : on leur a maintenant substitué dans le Cumberland les cribles à secousses rectangulaires ; le treillis de ce crible est en fils de fer entre-croisés, et formant des mailles carrées de près de dix millimètres de côté : il est mis en mouvement par un enfant. Ces cribles paraissent préférables aux cribles à main. On n'emploie plus ce dernier que pour les petites parties qui ont passé à travers la grille dans le débourbage. Le crible à secousses est vivement secoué par l'enfant qui tient le levier placé à l'extrémité de la bascule ; les parties fines passent à travers les mailles, les parties les plus pures et les plus pesantes forment la couche inférieure dans le crible, au-dessus se trouvent les fragments mélangés de galène et de substances pierreuses appelés *chats*; à la partie supérieure sont les morceaux tout-à-fait pauvres et les plus légers. Ceux-ci sont enlevés avec un râcloir en fer battu, et livrés à des ouvriers qui les criblent de nouveau et rejettent ce qu'il y a de trop pauvre. La couche intermédiaire est portée à la machine à écraser, où elle est broyée entre deux cylindres particuliers destinés à cet usage (*chats rollers*), puis criblés de nouveau.

Les particules rassemblées au fond de la cuve sont lavées sur l'aire à débourber ou sur les tables allemandes. On lave aussi sur ces dernières les sables produits par les cylindres à écraser, les bocards et même les dépôts boueux : quelques dépôts très-fins sont seuls lavés sur les tables jumelles. En Bretagne, au contraire, les tables allemandes sont destinées seulement aux dépôts de criblage et aux gros sables des bocards; tous les dépôts fins sont lavés sur des tables jumelles dont l'inclinaison est très-faible et sur lesquelles on n'admet qu'une lame d'eau très-mince.

A Alston Moor, les dépôts qui se forment dans les bassins sont très-épais et très-gluants; on les agite avec de l'eau claire dans une caisse à débourber à deux compartiments, analogue à celle décrite à l'article *lavage,* et représentée (*pl.* VII, *fig.* 7,

II et III). Cette agitation détruit la forte adhésion qui unit l'argile aux parties métalliques ; on achève le lavage dans la cuve à rincer. Cette cuve *(pl.* VIII, *fig.* 6) est munie d'un axe vertical portant un plan A B ; le tout est mis en mouvement au moyen de la manivelle. Cet appareil sert à mettre en suspension dans l'eau le minerai fin déjà presque pur ; par le repos les parties métalliques se séparent des parties terreuses ; on favorise la séparation en frappant sur les parois de la cuve pendant la précipitation, ce qui suspend celle des matières terreuses sans arrêter celle des parties métalliques.

Cette cuve à rincer *(Dolly-tub)* pourrait être adoptée avec avantage dans les établissements où la galène est mélangée avec beaucoup de blende : plusieurs expériences en effet ont prouvé que du schlich qui à l'œil paraissait très-pur pouvait abandonner une quantité considérable de blende, s'il était tourné dans cette espèce de cuve.

A Tarnowitz en Silésie, le minerai est séparé : 1° en galène pure en masse ; 2° en galène massive mélangée de marne, argile, ocre ; 3° en morceaux de calcaire imprégnés

de galène ; 4º en galène en grains disséminés dans l'argile ; 5º en menus débris. La
galène pure en masse et la galène pure en
grains sont soumises immédiatement au traitement métallurgique. Les autres classes de
minerais sont criblées au moyen de cribles à
secousses de diverses finesses, dont quelques-uns reçoivent en même temps un
mouvement horizontal de va-et-vient ou de
rotation, et un mouvement vertical de haut
et bas : on les bocarde et on les lave sur
des tables dormantes et des tables à
secousses.

Lorsque les minerais de plomb ont une
gangue pyriteuse très-abondante, il devient
difficile de la séparer du sulfure de plomb
par des lavages très-longs, et l'on n'obtient
généralement par ce moyen qu'un minerai
chargé de pyrites, que l'on est obligé de
griller avant de le fondre, ou de fondre cru
en grillant ensuite la matte obtenue avant
de fondre une deuxième fois pour retirer le
métal. A Vedrin, près de Namur, où la
mine ne fournit que du minerai à gangue
pyriteuse, on emploie pour le rendre propre
à la fonte un moyen assez expéditif.

Les minerais pyriteux sont d'abord

débourbés sur une grille anglaise. Les minerais triés fournissent de la galène pure et des morceaux mélangés de pyrites : ceux-ci sont criblés ; les boues sont exposées à l'air jusqu'à ce que la décomposition des pyrites soit assez avancée pour qu'on puisse obtenir par le lavage le sulfure de plomb.

Le grillage s'exécute entre quatre murs percés de trous horizontaux, destinés à porter la fumée dans une galerie extérieure, dont la voûte est garnie d'une cheminée : sur le sol on ménage des canaux communiquant à l'extérieur, que l'on recouvre de briques et de pierres plates, laissant entre elles des intervalles pour le passage de l'air ; on place sur le sol une couche de bois, puis une couche de charbon menu, et enfin le minerai lorsqu'il est en gros morceaux. Lorsque l'on grille du minerai de moyenne grosseur, il faut le placer dans le fourneau par couches alternatives avec du menu charbon, en laissant de plus dans les couches de minerai des trous que l'on remplit de charbon pour établir la communication des couches de charbon entre elles ; on recouvre avec des résidus de minerai fin grillé et lavé. Si le minerai est trop menu, on le mouille et on le mélange avec un quart en volume de poussière de charbon.

Le grillage dure de deux à quatre mois, suivant la finesse du minerai. Le minerai grillé a une couleur rouge foncé, due à la transformation de la pyrite en peroxyde de fer, contenant un peu d'acide sulfurique et de sulfure de fer; le sulfure de plomb n'est attaqué qu'à la surface.

Le minerai est porté sur un double crible mû par une roue hydraulique; un courant d'eau tombe sur le premier crible, délaye la matière, en entraîne une partie sur le second crible, où elle est délayée de nouveau par un second courant d'eau. Par ce grillage, le minerai est divisé en cinq lots; les plus grands morceaux qui composent le premier sont cassés et triés à la main, et reportés au bocard ou remis sur le crible; les morceaux les plus purs sont envoyés à la fonte. Le second lot est composé des morceaux moyens, qui sont tamisés à la main dans une cuve. Le troisième lot est le sable gros que l'on passe au tamis à bascule. Les quatrième et cinquième lots sont des minerais fins qu'on lave sur la table à tombeau, ainsi que le sable qui a passé au tamis à bascule; on obtient du minerai lavé propre à la fonte et des résidus qu'on lave sur les tables jumelles.

Les rebuts du criblage et des tamisages sont exposés à l'air pendant quelque temps, pour essayer s'ils ne peuvent pas encore fournir du minerai, en les traitant comme s'ils venaient d'être grillés.

Les minerais riches, provenant du triage à la main, des tamisages à la cuve, sont réunis ensemble; un second lot est formé par le minerai provenant du lavage sur les tables en tombeau : enfin, un dernier lot se compose de tous les autres minerais lavés.

Tels sont sommairement les procédés au moyen desquels on sépare la galène de la masse des pyrites dans lesquelles elle est disséminée; quant à l'oxyde de fer qui reste encore combinée avec le sulfure de plomb loin d'entraver la fonte, il ne peut que faciliter, comme nous le verrons plus loin, la désulfuration du plomb.

Les schlichs obtenus par les préparations détaillées plus haut, sont dans plusieurs usines soumis à l'opération du grillage.

Il y a deux manières de griller le sulfure de plomb : la première consiste à opérer sur le minerai en tas ou encaissé entre trois ou quatre murailles; quelquefois cette opération a lieu après le débourbage, et a pour but principal de faciliter le bocardage. La seconde manière consiste à chauffer le minerai dans un fourneau à réverbère.

La manière de construire ces fourneaux ne diffère que dans quelques parties peu essentielles. Le fourneau employé dans le Cumberland à griller le minerai destiné à passer au fourneau écossais est une aire plane de 1^m,80 de long sur une largeur presque égale, ayant de chaque côté trois portes; l'une, placée au milieu du fourneau et plus grande que les deux autres, sert à y introduire et à en retirer le minerai; les deux autres portes servent seulement à le remuer. Sur le côté opposé à la chauffe sont deux autres portes par lesquelles on peut à l'aide d'un râble remuer et attirer le minerai. Le foyer est séparé du fourneau par le pont qui est assez élevé. Deux tuyaux divisés par un massif conduisent la fumée dans une cheminée verticale et répartissent ainsi plus également la chaleur sur la largeur du fourneau. La sole est formée par un rang de briques posées de champ sur une plaque de fonte qui entre d'un bout dans le pont de la chauffe, et de l'autre dans le mur de la cheminée.

Ce grillage a pour but de brûler le soufre et de dégager l'acide carbonique; aussi le feu doit-il être ménagé de manière à ce qu'aucune partie de minerai n'entre en fusion ou ne forme des scories : à cet effet, les ouvriers ont soin de renouveler souvent les surfaces en remuant avec le râble, surtout dans les endroits où ils voient le minerai devenir mou et collant. Ils le promènent aussi du pont à l'extrémité opposée afin de maintenir autant que possible l'uniformité de température aux deux extrémités du fourneau. Pour éviter que le minerai en se refroidissant ne se prenne en masse, on le fait tomber au sortir du fourneau dans une fosse pleine d'eau située au-dessous d'une des portes latérales. Ce grillage dure environ deux heures et demie.

La méthode de faire subir au minerai de plomb un grillage préliminaire est loin d'être générale; cette opération ne s'exécute que lorsque l'on traite le minerai dans des fourneaux à manche, comme en Allemagne et en Belgique, et dans des fourneaux écossais, comme dans le Cumberland et dans quelques parties de la France. Lorsque l'on réduit le sulfure de plomb dans les fourneaux à réverbère, l'opération se divise en deux parties dont la première sert de grillage, ainsi que nous le verrons plus loin.

Nous allons donner successivement les différents procédés au moyen desquels on obtient le plomb métallique en commençant par le plus ancien.

TRAITEMENT AU FOURNEAU COURBE OU À MANCHE.

Le sulfure grillé par l'une ou l'autre méthode est jeté dans un fourneau à manche (*pl.* IV, *fig.* 5, A, B et C), où on ne le mêle ordinairement avec aucun fondant. La houille carbonisée ou le charbon de bois mêlés avec le minerai suffisent pour revivifier le plomb qui coule dans le bassin d'avant-foyer, et ensuite dans celui de percée.

Cependant actuellement on ajoute dans cette opération de la grenaille de fer et des scories de forge. En ajoutant du fer on se propose de retirer une plus grande quantité de plomb : en effet, la mine grillée est un mélange d'oxyde, de sulfate et de sulfure de plomb ; en la traitant seulement par le charbon, on convertirait le sulfate en sulfure, et on ne retirerait que le plomb de l'oxyde, au lieu qu'en le traitant tout à la fois par le charbon et le fer, ce métal qui a plus d'affinité pour le soufre que n'en a le plomb, s'empare du soufre du sulfure de plomb, et met le métal en liberté.

A Tarnowitz, on divise le minerai en deux classes ; le minerai en roche et le schlich ou minerai lavé. Le minerai en roche est traité dans un fourneau à manche de 1^m,35 de hauteur, 0^m,16 de largeur et 1 mètre de profondeur. Pour 5,000 kilog. de minerai en roche on ajoute 1,800 kilog. de scories pauvres en plomb provenant des fontes antérieures qui servent de fondant, 6,000 kilog. de fer métallique, 6,000 kilog. de scories de fer. Le combustible employé est toujours le coke ; plusieurs expériences ont démontré qu'en fondant par le coke on obtenait plus de plomb qu'en se servant du charbon de bois et même de la houille. La charge du coke est constante : elle est pour les quantités données ci-dessus de 15 mètres cubes. La fonte d'un lit de fusion composé comme il a été dit dure dix-sept heures; les résultats sont 3,000 kilog. de plomb d'œuvre, 1,200 kilog. de mattes, 1,350 à 1,450 kilog. de crasses, 200 à 250 kilog. de débris de fourneau, et des scories pauvres qui sont en partie réservées pour les fontes suivantes, en partie jetées; les crasses et débris sont traités séparément.

Les schlichs sont traités dans des fourneaux à manche qui ont les mêmes largeur et profondeur que le précédent, mais qui ont depuis 3^m,50 jusqu'à 6 mètres d'élévation; 3^m,50 paraissent être la hauteur la plus avantageuse. Chaque lit de fusion se compose de 5,000 kilog. de schlichs, 1,600 kilog. de mattes provenant de la fonte du minerai en roche, 600 kilog. de débris, 500 kilog. de fer métallique, 1,200 kilog. de scories de fer, 6,000 kilog. de scories de fonte du schlich précédemment traité. On brûle pour ces quantités environ 45 mètres cubes de coke; l'opération dure quarante heures, et on retire 2,000 kilog. environ de plomb d'œuvre, des mattes qu'on rejette et des débris de fourneau que l'on met à la réserve; les crasses et débris sont fondus à part dans le fourneau aux schlichs avec quarante pour cent de mattes, dix pour cent de scories de fer, et un à un et demi de fer métallique.

La proportion du fer nécessaire pour s'emparer de tout le soufre du minerai en roche est de dix-huit pour cent; on n'en met ordinairement que douze dans la fonte; mais on ajoute douze de scories de forge riches en protoxyde, et qui agissent comme désulfurants. L'excès de fer métallique rend la fonte plus difficile. Dans la fonte des schlichs on force la quantité de scories de forge, parce qu'elles agissent en outre comme fondants.

On a fait différents essais à Tarnowitz, pour s'assurer si l'on ne pourrait pas substituer au fer métallique un minerai de fer facile à réduire; mais il a été démontré que dans ce dernier cas il y avait plus grande perte de plomb.

La perte dans le procédé employé à Tarnowitz est de seize pour cent. Dans beaucoup d'usines, on se dispense de griller le minerai que l'on doit traiter de cette manière; le fer que l'on ajoute s'emparant du soufre rend inutile l'opération du grillage, qui n'a d'autre objet que de brûler et de chasser ce minéralisateur.

TRAITEMENT AU FOURNEAU A RÉVERBÈRE.

Ce mode de traitement est aujourd'hui adopté dans quelques parties de l'Allemagne, dans le Derbyshire en Angleterre et dans plusieurs usines de France. Les fourneaux à réverbère que l'on emploie en Angleterre ont environ huit mètres quarante-six centimètres de long sur un mètre quatre-vingts centimètres de large et soixante-deux centimètres de hauteur au centre. Le foyer placé à l'une des extrémités est séparé du corps du fourneau par l'autel ou pont qui a soixante-deux centimètres d'épaisseur, et ne laisse que trente-six à quarante centimètres d'intervalle entre sa surface supérieure et la voûte. Celle-ci va en s'abaissant jusqu'à l'extrémité opposée, où elle n'est élevée que de 0m,16 au-dessus de la sole : là se trouvent deux ouvertures qui se rendent dans une cheminée très-élevée. L'un des côtés du fourneau est percé de quatre ouvertures, dont une formant porte pour jeter de la houille sur la grille, et les trois autres n'ayant que quinze centimètres en carré peuvent se fermer avec des plaques mobiles de fonte, et servent soit à établir la circulation de l'air, soit à laisser passer les râbles avec lesquels on remue les matières. Le côté opposé est percé de cinq ouvertures, dont trois sont pareilles et opposées à celles qui viennent d'être décrites : les deux autres sont placées plus bas, et servent l'une à l'écoulement des scories, l'autre à celui du plomb. L'ouverture du cendrier est aussi de ce côté. La sole s'élève d'un côté presque jusqu'au niveau des trois ouvertures qui y sont pratiquées, et s'abaisse vers l'autre paroi, de manière que lorsqu'elle la rejoint, elle se trouve à quarante-cinq centimètres au-dessous de l'ouverture du milieu. C'est à ce point le plus bas du fourneau qu'est placée l'ouverture par laquelle le plomb s'écoule pour arriver dans une grande chaudière disposée à cet effet dans une espèce de niche pratiquée dans la maçonnerie du fourneau.

A partir du point le plus bas ci-dessus indiqué, la sole s'élève dans toutes les directions en formant un bassin où s'écoule le plomb à mesure qu'il entre en fusion. Au niveau auquel s'élève ordinairement la surface du bain se trouve, au-dessous de l'ouverture la plus éloignée de la chauffe, la porte par laquelle sortent les scories.

Au milieu de la voûte est une ouverture fermée pendant l'opération avec une épaisse plaque de fonte. Au-dessus est placée une large trémie en bois ou en fer, terminée à sa partie inférieure par un cylindre de fer. C'est dans cette trémie que l'on place le minerai qui tombe dans le fourneau en plus ou moins grande quantité, selon que l'on ouvre plus ou moins une trappe placée dans le bas de la trémie.

Quand on veut commencer une opération, on bouche, avec de la chaux vive gâchée avec de l'eau, les deux orifices d'écoulement; on ouvre la trappe de la trémie et l'on fait tomber dans le fourneau la charge de minerai : on l'étend bien sur la sole avec un râble; on ferme toutes les portes et on chauffe jusqu'à la température convenable, qui est celle au-dessous de la chaleur rouge. On maintient à ce degré en remuant le minerai sur la sole, et le retournant de manière à exposer à plusieurs reprises chaque partie du minerai à l'action de l'air et de la chaleur. Cette première partie de l'opération a pour objet de griller le minerai. Le succès de ce grillage dépend de l'uniformité et de la lenteur des progrès du feu, gradué de manière que jamais le schlich ne s'attache aux outils ni ne forme d'agglomérats; il doit présenter constamment l'apparence d'un sable peu cohérent. Si la chaleur est trop forte, on jette sur la sole des morceaux et copeaux de bois mouillés qui refroidissent promptement le fourneau. Ce grillage dure de deux à trois heures, selon les fourneaux : on reconnaît qu'il est porté assez loin par la cessation des vapeurs qui se dégagent du minerai. La première partie de l'opération est terminée, et l'on procède à la seconde qui ne s'exécute pas de la même manière en Angleterre et en Allemagne. Dans le premier de ces deux pays, on ajoute comme fondant une quantité très-variable de chaux fluatée et de chaux carbonatée que l'on jette par les ouvertures avec une pelle sur les parties de la sole où elles paraissent nécessaires. On ferme les portes et on augmente la chaleur de manière à compléter la réduction du plomb et la fusion des scories; le métal coule à mesure vers la partie la plus basse de la sole, en formant un bain sur lequel surnagent ces dernières. Lorsque tout est en fusion on débouche l'ouverture, par laquelle sortent les scories, qui s'écoulent sur le sol de l'atelier où elles se figent; elles sont opaques et d'un gris blanchâtre.

Lorsque l'on a ainsi fait écouler la plus grande partie des scories, on répand sur la surface du bain quelques pelletées de chaux vive en poudre, afin de solidifier le reste des scories qui flottent encore sur le bain. On les écarte, en les repoussant avec le râble vers le haut de la sole.

Dans quelques usines d'Angleterre et de France, au lieu de faire écouler les scories par l'ouverture du fourneau, on jette de suite une certaine quantité de chaux, ou mieux encore de charbon, sur la scorie liquide jusqu'à ce qu'elle soit suffisamment solidifiée, et on la repousse de la surface du plomb sur les parties les plus élevées de la sole, d'où, avant de recharger, on l'enlève par une des portes.

Lorsque le métal en fusion est bien à découvert, on le fait couler dans la chaudière bien nettoyée; on écume la surface, et cette écume est rejetée dans le fourneau, où elle présente des couleurs changeantes d'un éclat extraordinaire. On retire aussi de dessus la surface du plomb des mattes plombeuses, qui sont ensuite traitées au fourneau à manche, et des mattes cuivreuses, que l'on met aux rebuts.

Quand le plomb est bien nettoyé on le verse dans des moules. Les scories noires du fourneau à réverbère, les mattes plombeuses et les matières qui se déposent dans la cheminée du four sont mêlées avec de la houille et du minerai très-pauvre, ayant pour gangue de la chaux carbonatée et de la chaux fluatée. Le tout est fondu dans un fourneau à manche, où le plomb se revivifie et coule dans un bassin de réception.

Les fourneaux employés en Allemagne et en France sont des fours à réverbère dont la sole, à partir du pont, est plus ou moins inclinée vers l'autre extrémité, où se trouve l'ouverture par laquelle s'écoule le minerai en fusion. Dans quelques-uns, la chauffe est placée parallèlement à la longueur du fourneau. La sole ordinairement formée d'un mélange de quatre parties d'argile grasse, pulvérisée et tamisée avec une partie de brique pilée, est d'autant plus durable qu'elle a été plus fortement battue; elle doit pouvoir se ramollir par un feu violent, mais non se fondre. Lorsqu'elle a été battue on la chauffe fortement et l'on bouche avec de l'argile humide, les fentes ou crevasses qui se sont formées par l'effet de la chaleur.

La première partie de l'opération se conduit comme il a été dit plus haut, en poussant seulement davantage la chaleur, mais graduellement, de manière à ce que le plomb entre en fusion et s'écoule vers l'orifice. Lorsqu'il ne se dégage plus ni vapeurs sulfureuses, ni odeurs, et qu'on n'obtient plus de plomb en brassant et retournant la matière, la première partie de l'opération est terminée. Alors on a recours aux agents de réduction. On prend dans la chauffe des charbons embrasés, on les place sur la sole, on remplit la chauffe de bois, on repousse le schlich au fond du fourneau, on le couvre de charbons ardents, on donne un fort coup de feu; après une demi-heure de repos on brasse, le plomb recommence à couler. Dès que l'écoulement cesse, on rassemble le minerai, on le couvre de nouveau de charbons enflammés, et l'on chauffe encore plus fortement. L'on continue ainsi en augmentant à chaque ressuage la chaleur, jusqu'à ce que tout le plomb soit réduit. Quelquefois, lorsque le grillage est terminé, on retire le minerai grillé, on le remplace par une nouvelle charge, et lorsque celui-ci est grillé, on remet dans le fourneau ce qui en avait été extrait, et l'on fait ressuer à la fois ces deux quantités de minerai grillé.

Le plomb qui coule dans la seconde partie de l'opération est rejeté sur la sole, refondu et recueilli plus pur qu'auparavant.

Les seules observations à faire sur la méthode par les fourneaux à réverbère sont qu'elle ne peut guère se pratiquer avec succès que sur des minerais débarrassés de presque toute leur gangue terreuse; parce que s'ils sont très-impurs, les molécules de plomb se réunissent difficilement et sont absorbées et vitrifiées par les matières terreuses; l'on ne peut ensuite retirer le métal des scories sans des frais et une perte considérable : aussi, pour solidifier les scories doit-on employer le charbon de préférence à la chaux; enfin, l'opération sera d'autant plus avantageuse que les dimensions du fourneau à réverbère seront plus grandes, et permettront d'y traiter plus de minerais à la fois.

On emploie dans quelques usines un procédé qui n'exige aucun grillage. Il consiste à désulfurer le minerai par le moyen du fer : à cet effet on se sert encore du fourneau à réverbère; mais dès l'instant que le minerai est fondu avec son soufre, on ajoute successivement un quart de son poids de vieille ferraille ou de fonte granulée, en ayant soin de bien brasser toute la masse; le soufre est alors absorbé par le fer, et la réduction s'opère très-promptement. Le sulfure de fer qui en résulte peut être ensuite utilisé pour fabriquer du sulfate de fer.

TRAITEMENT AU FOURNEAU ÉCOSSAIS.

En Angleterre, en Écosse et dans quelques usines de France on traite le minerai de plomb dans un fourneau particulier, qui se nomme fourneau écossais (*pl.* II, *fig.* 1, 2, 3, 4, 5). Ce fourneau peut aussi servir à la réduction des litharges; il est revêtu à l'intérieur de plaques de fonte, et présente la forme d'un prisme droit rectangulaire de 0m,5 de long, 0m,4 de large, et de 0m,7 de haut. La tuyère est horizontale, et se trouve placée au tiers de cette hauteur.

Pour construire ce fourneau on élève d'abord contre le mur auquel il doit être adossé un massif de maçonnerie (x) de 0m,7 de hauteur, sur lequel on forme un lit d'argile pour recevoir la plaque (y) du fond. Cette plaque doit incliner de 5 à 6 degrés de l'arrière à l'avant, suivant une diagonale qui est sa ligne de plus grande pente : deux rainures viennent se réunir vers l'extrémité inférieure de cette diagonale. C'est par là que le plomb coule dans une chaudière en fonte (z), sous laquelle on fait constamment du feu pour le tenir liquéfié.

On élève sur la plaque du sol les parois, lesquelles sont formées chacune de trois à quatre prismes de fonte ou gueuses rectangulaires, empilés les uns sur les autres, disposition qui permet de ne remplacer dans chaque paroi que la portion endommagée. La face antérieure ne descend pas jusqu'à la plaque du fond, et il reste entre d'eux, sur toute la longueur du fourneau, un vide de 0ᵐ,08ᶜ de hauteur, qu'on nomme la poitrine; c'est par là qu'on manœuvre avec des outils dans l'intérieur. Les quatres parois sont maintenues par des cercles en fer, arrêtés au moyen de clefs. On enduit les angles extérieurs d'argile; les faces latérales sont revêtues de deux petits murs (r), et un large manteau surmonté d'une cheminée détermine l'aspiration.

On pratique la fonte dans ce fourneau de la manière suivante : on remplit le fourneau de bois ou de charbon, ou même de tourbe moulée en briques; lorsque ces substances sont bien embrasées, l'on jette dessus du minerai en partie réduit, provenant des opérations précédentes : ce minerai s'échauffe, se ramollit à mesure qu'il descend : le soufre se dégage; l'oxyde de plomb se réduit par le contact du charbon, et le plomb se rend dans les rigoles du bassin de réception. Lorsque la charge est descendue environ du tiers de sa hauteur, on retire par le bas avec un grand fourgon en fer la plus grande partie des matières contenues dans le fourneau : le fondeur enlève et jette de côté les rebuts et scories qu'il distingue facilement à leur éclat beaucoup plus grand que celui du minerai non réduit; il rejette celui-ci dans le fourneau avec une nouvelle charge de combustible et de minerai, et ainsi de suite. Si le métal non réduit n'est pas nettement séparé de la scorie, ou si la gangue est trop réfractaire, on ajoute de la chaux, qui dans le premier cas solidifie, et dans le second rend plus fusible les matières terreuses.

Par ce procédé la partie la plus pure du plomb ainsi que l'argent sont, pour ainsi dire, transsudés des matières avec lesquelles ils sont mélangés, sans que la température soit assez élevée pour faire fondre les gangues ou métaux autres que le plomb argentifère, qui doit à cette raison sa grande pureté.

Ce procédé donne à la vérité moins de plomb.

Les scories ou gangue contenant encore du minerai, que l'on a obtenues par la fusion au fourneau écossais, sont traitées dans un fourneau à manche.

La revivification des litharges s'opère aussi de cette manière; mais les charges sont plus fréquentes, et il ne faut pas un vent si actif.

COUPELLATION.

Le plomb obtenu de ces différentes manières porte le nom de plomb d'œuvre; il est assez pur, mais il contient souvent de l'argent, qu'il est important d'en séparer. L'opération qui a pour objet cette séparation se nomme affinage ou coupellation.

Le but qu'on se propose est d'oxyder le plomb par l'action de l'oxygène de l'air, d'absorber ou de chasser l'oxyde, et de mettre par ce moyen l'argent à nu. Cette opération se pratique dans un fourneau qu'on appelle fourneau de coupelle (*pl.* VI, *fig.* 1, A et B). C'est un fourneau à réverbère dont le laboratoire L a une structure particulière : il est excavé en forme de coupe, dans laquelle on établit la coupelle (*cc*), comme nous allons le dire; il est recouvert et comme fermé par un vaste couvercle (C) en fer et en maçonnerie, qu'on peut enlever et replacer à l'aide d'une grue A; sur un des points de sa circonférence est une ouverture (*a*) pour l'écoulement de l'oxyde de plomb, et sur la partie opposée est une autre ouverture (*b*), par laquelle arrive le vent de deux forts soufflets (x). Le foyer F est placé sur le côté du laboratoire; la flamme est dirigée sur la coupelle, et réverbérée par le couvercle. Le tuyau de la cheminée (T) est situé au-dessus du canal d'écoulement (a), ou à l'opposite du foyer.

La coupelle est souvent mobile, et se compose alors d'un châssis ou cadre en fer rond ou ovale, entouré d'un rebord de trois pouces de hauteur, et portant à son fond plusieurs barres transversales sur lesquelles on établit la coupelle.

Lorsque l'on veut raffiner du plomb d'œuvre, on revêt la surface concave du fourneau d'une couche de cendre ou de marne, ce qui s'appelle former la coupelle. Les cendres que l'on emploie pour faire la coupelle ont été lessivées à plusieurs reprises, et privées des parties combustibles qu'elles contenaient encore, par deux ou trois calcinations dans un fourneau à réverbère. On répand ensuite ces cendres sur la partie concave du fourneau, ayant soin de donner de suite à la coupelle l'épaisseur convenable, afin qu'elle ne soit pas sujette à s'exfolier. On bat fortement cette couche de cendre, qui est concave comme la surface sur laquelle on l'a appliquée; on se sert à cet effet de pilons de bois garnis d'une calotte de fer, que l'on chauffe de temps en temps : on bat d'abord au centre en gagnant progressivement la circonférence, jusqu'à ce que la coupelle soit tellement comprimée que l'on ne puisse y faire la moindre empreinte avec le doigt.

Ordinairement on emploie la cendre de fougères, et on la mélange avec un cinquième environ de cendres bien tamisées d'os calcinés et moulus; on recouvre la coupelle d'un lit de foin, et on y place avec symétrie les masses de plomb d'œuvre. Le foin que l'on y a mis est destiné à empêcher le plomb de dégrader la coupelle par sa pesanteur. Depuis quelques années on se sert dans plusieurs usines de l'Allemagne et de la France de coupelles faites avec de la marne ou avec un sable de mer très-calcaire, mélangé avec de l'argile préparée. Ces coupelles présentent de grands avantages sur celles faites avec des cendres, en ce que les coupelles de marne donnent un produit beaucoup plus considérable en litharge marchande et en litharge à réduire, et cela en raison de la diminution de la masse de fonds de coupelle, qui par son traitement ultérieur donne lieu à d'assez grands frais, et à une perte notable sur le plomb; enfin la grande quantité d'argent que l'on obtient immédiatement sur la coupelle de marne suffirait seule pour assurer la préférence à l'emploi de la marne. On doit remarquer cependant que la coupellation sur la marne, dans laquelle il se forme beaucoup plus de litharge que lorsqu'on opère sur la cendre, exige plus de temps que l'autre, et qu'il en résulte une plus grande consommation de combustible, que l'on peut évaluer à un ou deux pour cent.

D'un autre côté ces coupelles se comportent mieux au feu que celles de cendres; car celles-ci manquant de consistance se fondent souvent par le fond, d'où il résulte de graves inconvénients, et des pertes très-notables, qui n'ont plus lieu avec les coupelles de marne naturelle ou artificielle.

En Silésie, pour préparer ces sortes de coupelle, si l'on n'a pas de marne naturelle, propre à former la matière des coupelles, on en compose une artificielle avec de la pierre calcaire et de l'argile à potier. On doit chercher par des essais quelle est là proportion la plus avantageuse pour le mélange; on a employé celle de vingt-sept de calcaire sur cinq d'argile. On bocarde la première de ces substances aussi fin que possible, et l'on passe au tamis; l'argile, préalablement calcinée à une chaleur au-dessous du rouge, est aussi bocardée et tamisée, et l'on mêle ces deux substances aussi exactement que possible, à sec; on humecte ensuite le mélange de manière à lui donner une faible adhérence; mais on doit pouvoir encore passer la masse à travers un tamis plus gros : on mélange de nouveau cette marne humide tamisée, et on l'emploie ensuite à former la coupelle.

Quand la coupelle qui a servi au travail est détachée, on prend la moitié de la cendre marneuse qui est restée dans le fourneau, ce qui forme un volume d'environ 150 litres, et l'on y ajoute 100 litres de nouvelle marne, d'abord à sec, puis on l'humecte, on la tamise, et on mêle bien. De ce mélange, humide seulement au point de se laisser façonner en boule dans la main, on prend environ 250 litres, que l'on humecte plus fortement encore, parce qu'ils sont destinés à faire le sol de la voie de la litharge. L'autre partie de la marne, restée dans le fourneau, est humectée sans en être retirée, puis travaillée avec le râcloir, et rangée au bord pour former la partie extérieure de la coupelle; ensuite on apporte la marne préparée nouvellement, et on la verse en allant des bords vers le milieu, et façonnant la coupelle comme à l'ordinaire; on la bat d'abord avec un billot de bois, puis avec un pilon de fer, bien uniformément et avec le plus grand soin possible.

A Poullaouën en Bretagne, on se sert pour former les coupelles, d'un sable de mer, connu sous le nom de merle, mélangé de matières calcaires, tels que débris de coquillages, coraux, madrépores. On fait rougir cette substance dans un fourneau à réverbère, on la broie ensuite sous une meule de granit, ou la tamise très-fine, et on mêle cette poudre avec trois parties de coupelle ancienne, et un tiers d'argile séchée et pulvérisée. Quelquefois on ajoute un dixième de tuf calcaire blanc, grillé, pulvérisé, et tamisé. Les coupelles formées de ces substances se comportent beaucoup mieux au feu que les coupelles de cendres, et ne se fendent pas comme elles.

Quelle que soit la composition de la coupelle, le chargement du plomb et la conduite de la coupellation se font absolument de la même manière qu'avec les coupelles de cendre.

Lorsque la coupelle d'un fourneau est faite, ainsi que le chargement du plomb, on ferme alors le fourneau en abaissant le couvercle, que l'on nomme chapeau, on allume le feu dans le foyer, et on le pousse d'abord lentement : le plomb ne tarde pas à fondre, et la flamme, réverbérée par le chapeau, vient presque lécher la surface du bain : cette première opération dure six heures. Alors on ouvre la voie de la litharge; un ouvrier enlève avec un râble les premières crasses, que l'on nomme abstrichs ou litharges noires, ce qui dure environ une heure, et en même temps on fait jouer les soufflets, on ferme la voie, et l'on chauffe fortement. Pour hâter l'oxydation du plomb, on ajuste au-devant de la barre une rondelle (r) qui disperse le vent plus également sur la surface du bain.

L'oxyde de plomb fondu, ou litharge,

paraît au bout de quelques heures de feu;
le vent des soufflets le chasse vers l'ouverture *a*, que l'on ouvre de nouveau, et par
laquelle il s'écoule. Lorsqu'il coule du
plomb, on referme la voie avec des cendres humectées jusqu'à ce qu'il se soit
formé de nouvelle litharge. Au bout de
trente à trente six heures environ, l'opération approche de sa fin. La séparation
complète du plomb est indiquée par un
éclat instantané que prend le bain d'argent.
Cet éclat est produit par la rupture du
voile de litharge qui le couvrait. On introduit de l'eau par un canal (d); on la jette
sur la masse d'argent pour la refroidir
promptement et pouvoir l'enlever. On
détache le gâteau de la coupelle en passant
au-dessous un outil en forme de ciseau, et
plusieurs hommes, le tirant avec des crochets, le font sortir de champ par la voie
de la litharge.

Dans quelques usines la coupellation
s'opère en deux fois : dans la première
partie de l'opération, la masse d'argent est
laissée en combinaison avec une certaine
quantité de plomb, qu'on appelle plomb
riche, et qu'on retire de la coupelle; c'est

une espèce de concentration : dans la seconde on achève de coupeller, et l'opération ne diffère qu'en cela, qu'au lieu de s'arrêter à une masse concentrée on pousse jusqu'à la coruscation.

Dans le Derbyshire la coupellation se fait en versant dans le fourneau bien chauffé et sur la coupelle le plomb fondu, et en ajoutant d'autre à mesure que le bain diminue par l'écoulement de la litharge, jusqu'à ce que l'on ait formé un plomb riche, que l'on coupelle ensuite à part une seconde fois. L'argent obtenu par la coupellation n'est point encore assez pur ; il faut le raffiner de nouveau dans une espèce de fourneau à réverbère ce qui s'appelle brûler l'argent. On prépare hors du fourneau de réverbère et dans un cercle de fer une coupelle de cendre fortement battue ; on la transporte sur le sol du fourneau, et on y place l'argent à raffiner. On le chauffe pendant six à sept heures ; l'oxyde vitreux de plomb qui se forme ici sans le secours d'aucun soufflet est absorbé par les cendres de la coupelle, et lorsque l'argent est purifié on le reçoit dans une lingotière au moyen d'une percée que l'on fait à la coupelle ou en puisant avec des cuillers de fer.

On rassemble les crasses, le résidu du grillage, celui de la première fonte, les écumages de la coupellation, les premières et les dernières litharges, les fonds et les morceaux de coupelle, et enfin tout ce qu'on soupçonne devoir contenir du plomb argentifère ; on fond le tout dans un fourneau à manche ou dans un fourneau écossais, en employant pour fondant les scories des fontes précédentes : on obtient ainsi de nouveau plomb d'œuvre. Quant aux litharges pures on les débite dans le commerce, ou on les réduit en les fondant dans un fourneau à manche ou dans un fourneau écossais au milieu des charbons, ou mieux encore dans un fourneau à réverbère qui a servi au grillage du minerai ; mais dans ce dernier cas, on est obligé, pour réduire la litharge, d'y ajouter de la poussière de charbon avec laquelle on le brasse.

Dans l'opération de la coupellation on remarque qu'il se forme de la litharge noire, que l'on appelle ordinairement abstrich. Cette litharge noire perd sa couleur en augmentant de 0,02 de son poids, lorsqu'on la chauffe jusqu'à dessiccation avec de l'acide nitrique; ce qui prouve qu'une petite portion des métaux qu'elle renferme est privée d'oxygène et combinée avec le soufre. D'ailleurs cette litharge se réduit avec les autres substances désignées plus haut, ou séparément.

Cette litharge noire perd aussi sa couleur, et devient jaune lorsqu'on la grille.

D'après un travail de M. Berthier sur le traitement de la galène argentifère, il paraît que cet auteur présume que la coupellation directe de la galène argentifère réussirait, et que par ce moyen on retirerait de la galène plus de plomb qu'on n'en obtient ordinairement, etavec une dépense un peu moindre.

L'auteur conçoit que l'on pourrait exécuter l'opération de la manière suivante : dans un fourneau de coupelle ou dans un fourneau à réverbère approprié à cet usage on ferait fondre une certaine quantité de plomb d'œuvre insuffisante pour la remplir; lorsque ce plomb serait assez chaud pour être coupellé, on le recouvrirait de schlich que l'on y placerait pelletée à pelletée, et qu'on aurait soin de faire pénétrer dans le bain au moyen d'outils en bois, afin qu'il se transforme promptement en sous-sulfure, en se combinant avec le plomb. Dès qu'on en aurait chargé une quantité suffisante, on ferait un grand feu pour fondre le tout : alors on donnerait un grand courant d'air, le grillage se ferait rapidement, et le sulfate de plomb s'accumulerait bientôt; on briserait les croûtes qu'il forme, et on les enfoncerait dans le bain pour renouveler les surfaces. Il viendrait un moment où il ne resterait que du sous-sulfure, moment qui serait annoncé par l'éclat que prendrait le bain dans les parties non couvertes de sulfate. Alors on extrairait ce sulfate, et on achèverait la coupellation ou dans ce fourneau ou dans un autre fourneau d'affinage.

MERCURE.

Le mercure ou vif argent est un métal connu de toute antiquité; il est liquide, très-brillant, d'un blanc légèrement bleuâtre, volatil, inaltérable à l'air sec et humide; il est le plus pesant des métaux usuels après le platine et l'or. Le mercure natif et le cinabre, ou mercure sulfuré, sont les seuls minerais de mercure dont on retire ce métal. Ces minerais ne se trouvent que rarement dans les terrains primitifs, et appartiennent particulièrement aux terrains secondaires, calcaires et bitumineux; ils s'y rencontrent en amas et en filons considérables.

Le mercure sulfuré forme trois variétés particulières, la première connue sous le nom de mercure sulfuré, la deuxième sous celui de mercure sulfuré bituminifère, et la troisième sous celui de mercure sulfuré ferrifère. Ce mercure sulfuré se rencontre sous différentes variétés, qui sont les cristallisées, la laminaire, la mamelonnée, la granulaire, la compacte et la pulvérulente ou vermillon natif. Elles varient toutes du rouge foncé au rouge vif et au métalloïde; elles sont faciles à gratter avec le couteau, surtout lorsqu'elles sont pures; la couleur de leur poussière est plus ou moins rouge.

Le mercure sulfuré est volatil avec fumée, par l'action du chalumeau, et lorsqu'on le passe avec frottement et surtout en le broyant sur le cuivre, il y laisse un enduit d'un blanc métallique.

Le mercure sulfuré bituminifère constitue les variétés feuilletée, spéculaire, testacée et compacte. Ce minerai est d'un brun rougeâtre, plus ou moins sombre, il donne une odeur bitumineuse par l'action du feu.

Le mercure sulfuré ferrifère est d'un gris de fer éclatant; il devient attirable lorsqu'on le chauffe à la flamme d'une bougie.

Le mercure sulfuré et l'argent antimonié sulfuré, dit argent rouge, se distinguent l'un de l'autre en ce que le premier passé avec frottement sur un papier y laisse une tache rouge, ce que ne fait pas le second. Il se volatilise entièrement au chalumeau, tandis que l'argent antimonié sulfuré y donne un bouton métallique.

Ce minerai de mercure se distingue de l'arsenic sulfuré, dit réalgar, en ce que la poussière de celui-ci est jaune, tandis que celle de l'autre est rouge. D'ailleurs le réalgar donne une odeur d'ail au chalumeau, ce que ne fait pas le mercure sulfuré.

Les mines de mercure principalement exploitées sont celles d'Idria dans le Frioul, d'Almaden en Espagne, du Palatinat, de la Hongrie, de la Bohême, et du Pérou ; il en existe aussi au Japon et en Chine.

Le traitement métallurgique du mercure est assez simple ; on l'extrait par deux procédés : l'un est pratiqué dans le Palatinat. Il consiste à trier la mine, à la pulvériser, à la mêler avec de la chaux vive ou éteinte ; plus le minerai est riche, plus la proportion de chaux doit être forte. Lorsque le minerai tient 0,015 de son poids de mercure, on y ajoute environ 0,13 de chaux : on introduit le mélange dans de grandes cornues de fonte qui ont environ un mètre de long sur trente-cinq centimètres de diamètre ; ensuite on place ces cornues sur deux rangs en hauteur dans un fourneau de galère ; l'on adapte à chaque cornue un récipient de terre rempli d'eau jusqu'au tiers, et l'on chauffe la galère avec du bois ou de la houille. La chaux s'empare du soufre du cinabre, et le mercure se volatilise et se rend dans les récipients.

Le deuxième procédé est pratiqué à Almaden et à Idria.

A Almaden on se sert d'un fourneau particulier ; il est composé de deux petits bâtiments carrés séparés par une terrasse en forme de toit renversé: l'un de ces bâtiments est le fourneau dans lequel on met le cinabre; on le pose sur un plancher ou sole en briques, percé de plusieurs ouvertures, par lesquelles passe une partie de la flamme du foyer qui est au-dessous. **A la** partie supérieure et latérale du fourneau, on pratique des ouvertures communiquant à plusieurs files d'aludels qui sont placées sur la terrasse, et qui vont se rendre dans l'autre bâtiment qui sert de récipient. Après avoir trié le minerai on le brise en morceaux assez fins, puis on le pétrit avec de l'argile pour en former de petites masses, que l'on place sur la sole du fourneau, et l'on élève la température. Le soufre se brûle par le contact de l'air, passe à l'état d'acide sulfureux, tandis que le mercure se volatilise et se rend dans l'autre bâtiment.

Lorsque dans une mine on a recueilli une assez grande quantité de mercure natif, on peut le purifier à travers une peau de chamois ou par une simple distillation. A Idria on traite les minerais de mercure d'après la méthode suivante : on sépare d'abord aux laveries le gros minerai du menu, et le riche du plus pauvre : on transporte ensuite le menu aux laveries à tamis pour enlever le plus que l'on peut la terre qui y est mêlée. Une grande partie de ces minerais quoique lavés, ne sont pas encore assez riches en métal pour être traités aux fourneaux. Des personnes exercées à choisir les minerais les trient, et les établissent en différentes qualités.

Les tamis de fer qui servent à laver ces minerais sont de sept numéros de finesse, de sorte que les minerais sont de diverses grosseurs, et contiennent encore une très-grande quantité de parties très-riches en mercure. Pour faire le choix des diverses espèces de minerais, relativement à leur richesse, des ouvriers très-exercés mettent ces minerais dans d'autres tamis de différents numéros de finesse ; ces tamis sont suspendus au-dessus d'un baquet d'eau, dans lequel un ouvrier les immerge continuellement en agitant le tamis, afin que les parties les plus pesantes occupent le fond : on décante les portions les plus légères qui sont à la surface, et on a soin de recueillir celles qui paraissent rouges, ce qui annonce qu'elles contiennent du cinabre.

Les minerais qui sont passés à travers les tamis de fer, et qui ont été séparés et rejetés, sont les plus grossiers. On les transporte aux bocards pour être réduits en poudre, et subir ensuite avec les autres une nouvelle concentration dans les laveries à tables inclinées.

Il y a deux espèces de tables inclinées, les unes mobiles et les autres fixes, où l'on obtient des schlichs de cinq numéros. Un règlement de l'établissement d'Idria exige que les schlichs n'aient jamais une richesse moindre de 3 kilos 500 de mercure pour 50 kilos.

Des laveries, les minerais de toute espèce sont conduits aux fourneaux.

Comme ces minerais sont de deux espèces eu égard à la grosseur, il y a deux fourneaux pour les traiter séparément.

Ces fourneaux ont environ 20 mètres de long; le premier, destiné à brûler les minerais en gros morceaux, a d'abord un foyer trapézien, surmonté d'une voûte à jour, qui communique avec une espèce de four, dans lequel se fait la charge des minerais : on a soin de garnir cette première voûte de minerais pauvres en gros morceaux, afin de pouvoir ensuite y charger tous les fragments qui sont les plus riches. Ce four une fois bien rempli on s'occupe de la charge du second four qui est superposé au premier : sa voûte est également à jour et son âtre est formé par la voûte de celui-ci. Au lieu de charger cette deuxième voûte de minerais en pièces d'une certaine grosseur, on la charge de plats de terre, dans lesquels on a mis des minerais menus : ce four chargé on lute toutes les portes des charges.

Ce premier fourneau a deux faces, c'est-à-dire deux foyers et quatre fours, lesquels communiquent par des conduits latéraux à deux rangées de réservoirs ou condenseurs en maçonnerie, espèces de chambres très-élevées, séparées par des murs intermédiaires, et communiquant cependant les uns aux autres par des ouvertures d'environ un pied carré, et alternativement placées. Le nombre de ces réservoirs est de vingt-huit ; l'aire est inclinée pour faciliter l'écoulement du mercure dans des réservoirs destinés à le recevoir : la dernière de ces chambres de condensation est surmontée par une deuxième chambre au-dessus de la première, laquelle se termine par une cheminée qui donne issue aux vapeurs qui ne peuvent se condenser dans ce grand appareil. Un conduit commun à tous les réservoirs facilite l'arrivée du mercure dans un autre grand réservoir qui est établi dans la chambre où l'on recueille le mercure.

Le deuxième fourneau, destiné à brûler tous les minerais en poudre, est construit sur les mêmes principes, avec cette différence seulement qu'il a six fours au lieu de quatre, et vingt-quatre chambres de condensation au lieu de vingt-huit, et qu'à la place des plats de terre remplis de schlichs qui étaient anciennement employés, on a substitué une suite de fours à réverbère superposés, et dont les ouvertures sont toujours opposées de manière à faire serpenter la flamme alternativement de l'un dans l'autre: par cette disposition on a remplacé les voûtes à jour par d'autres voûtes qui en même temps forment les âtres, sur lesquelles on charge un lit de cinq à six pouces de minerais menus.

La charge des minerais une fois opérée,

on mastique avec de l'argile et de la chaux délayée les ouvertures des fours et des chambres ; ensuite on chauffe avec un feu progressif pendant environ neuf à dix heures, et jusqu'à ce qu'on reconnaisse que les minerais brûlent avec forme : après on laisse refroidir l'appareil pendant quelques jours, et on recueille le mercure.

ANTIMOINE.

Ce métal, décrit pour la première fois vers la fin du XVe siècle par Bazile-Valentin, est cassant et brillant, d'un blanc bleuâtre argentin, d'une texture lamelleuse, et communiquant une odeur aux doigts par le frottement. Il est fusible au-dessous de la chaleur rouge ; passé ce point il répand à l'air une fumée blanche d'une odeur d'ail ; il est le plus léger de tous les métaux usuels.

L'antimoine sulfuré est la seule combinaison de ce métal qui soit exploitée comme minerai. Il se rencontre en masses et en filons dans les terrains primitifs et secondaires.

L'antimoine sulfuré se divise, eu égard

à ses principes constituants, en cinq variétés : l'antimoine sulfuré proprement dit ; l'antimoine sulfuré argentifère ; l'antimoine sulfuré plombo-cuprifère ; l'antimoine sulfuré cuprifère et l'antimoine sulfuré nickélifère.

L'antimoine sulfuré proprement dit se rencontre sous les variétés cristallisée, aciculaire, capillaire, granulaire et compacte. La variété capillaire est en filaments soyeux et élastiques, d'un gris sombre.

L'antimoine sulfuré ordinaire est fragile, par la simple pression de l'ongle. Sa couleur tire sur le gris d'acier. Il tache le papier en noir par le frottement. Lorsqu'on le frappe, il laisse dégager une légère odeur de soufre.

L'antimoine sulfuré argentifère diffère de l'antimoine sulfuré ordinaire par sa couleur d'un gris métallique obscur.

L'antimoine sulfuré cuprifère est d'un gris métallique qui tire sur celui du fer ; sa cassure est vitreuse, lisse et très-brillante. Il est fragile et s'éclate par la pression de l'ongle.

L'antimoine sulfuré nickélifère est composé de lames éclatantes d'un blanc d'étain, et en partie d'une matière compacte légèrement luisante, d'une couleur qui tire sur le gris de plomb.

Toutes ces variétés sont fusibles à la simple flamme d'une bougie, même sans avoir besoin d'être réduites en fragments très-minces.

L'antimoine sulfuré se distingue du manganèse oxidé avec lequel il a beaucoup de ressemblance en ce que ce dernier est infusible.

Les principales mines d'antimoine sont celles de l'Écosse, de la Hongrie, de la Bohême, de la Saxe et de quelques départements d la France. L'antimoine qui provient du département de l'Ariège ne contient pas d'arsenic; la plupart des antimoines contiennent du fer, du plomb et de l'arsenic.

L'antimoine sulfuré contient assez fréquemment de l'or; tels sont ceux de la Transylvanie, de la Daousie, de l'Espagne et de Neuwied, à quelques lieues en-dessous de Coblentz; sur la rive droite du Rhin. M. Berthier y a aussi reconnu de l'argent.

Pour obtenir l'antimoine métallique du sulfure on est obligé de purifier cette combinaison, et on y parvient facilement en raison de sa grande fusibilité. Après avoir concassé le sulfure naturel et l'avoir séparé d'une grande partie de sa gangue, on le tamise grossièrement, et on le met dans des creusets ou dans des pots de terre percés de plusieurs trous et posés sur d'autres creusets à moitié enfouis dans la terre. Les creusets supérieurs sont entourés de bois ou de houille, auxquels on met le feu; bientôt le sulfure fond, s'écoule à travers les trous, abandonne sa gangue qui surnage et se rassemble dans le creuset inférieur où il se fige en refroidissant, et forme une masse aiguillée. Lorsque l'opération est terminée, on est obligé de laisser refroidir tout l'appareil pour vider les creusets supérieurs et inférieurs, ce qui occasionne une grande perte de temps. Plus souvent on fait usage du procédé de Gensanne, qui consiste à placer les creusets contenant le minerai dans l'intérieur d'un fourneau circulaire : on met en dehors les creusets qui doivent servir de récipient ; on les fait communiquer avec ceux du dedans par un conduit en terre. L'antimoine sulfuré fondu s'écoule dans les creusets extérieurs, et en est élevé sur le châmp. La gangue est retirée des creusets supérieurs, et ceux-ci remplis de nouveau minerai, sans qu'on soit obligé de refroidir le fourneau. On a remplacé avec avantage, à Malbosc, département de l'Ardèche, les pots par des cylindres ou tuyaux un peu coniques, en terre cuite, placés verticalement dans une espèce de fourneau à réverbère ; comme on s'est ménagé la facilité de retirer les matiéres terreuses et impuretés sans arrêter le feu, et que l'antimoine sulfuré coule au dehors du fourneau, on rend la fonte continue.

Dans le département de la Vendée, on pratique la fonte d'une autre manière : on se sert d'une espère de fourneau à réverbère circulaire et dont l'aire est concave. On place le minerai sur la sole brasquée et concave de ce fourneau, puis on chauffe ; à mesure que le sulfure entre en fusion, il va occuper la partie la plus inférieure, et on l'en retire à l'aide d'une percée, qui communique avec un bassin de réception placé auprès du fourneau.

Lorsque l'on veut retirer l'antimoine métallique du sulfure d'antimoine obtenu par ses premières opérations, on concasse le sulfure ou on le réduit en poudre, et on lui fait subir un grillage sur la sole d'un fourneau à réverbère, ou on l'expose à l'action d'une douce chaleur, en l'agitant continuellement avec un ringard. Le feu, comme dans toutes les opérations de cette nature, doit être tellement ménagé que la matière n'entre pas en fusion, et même ne se ramollisse pas. Ce grillage exige quelquefois quinze heures : il n'est terminé que quand il ne se dégage plus de vapeurs sulfureuses, et quand le minerai est changé en une poussière terne d'un gris clair. Dans cette opération le soufre se volatilise en partie ou passe à l'état de gaz acide sulfureux, et l'antimoine reste à l'état d'oxide gris un peu sulfuré. On met cet oxide soit avec environ la moitié de son poids de tartre brut pulvérisé, soit avec du charbon imbibé d'une forte dissolution de sous-carbonate de soude, et l'on indroduit le mélange dans des creusets que l'on place au milieu d'un fourneau de fusion, ou sur la sole d'un fourneau à réverbère. On chauffe ; le charbon réduit l'oxide d'antimoine tandis que la potasse ou la soude dissout le sulfure, et forme une scorie liquide qui recouvre et

abrite le métal, et diminue sa volatilisation.
Lorsque l'opération est achevée on enlève
le creuset, et, après un complet refroidissement, on trouve l'antimoine réuni en une
masse au fond des creusets. Souvent ces
culots métalliques présentent à leur surface
une cristallisation en feuilles de fougère.
Ordinairement on soumet l'antimoine à une
seconde fusion pour le purifier. A ce procédé on a essayé d'en substituer un autre
fondé sur la décomposition du sulfure d'antimoine par le fer : cette opération, pratiquée en Écosse il y a longtemps, a été
essayée depuis, dans quelques fonderies ;
elle peut s'exécuter dans un fourneau à
réverbère ainsi que dans des creusets ;
l'antimoine se sépare facilement en donnant
un coup de feu assez fort : cependant ce
procédé n'a pas continué à être employé,
peut-être parce que l'on avait donné au travail une mauvaise direction.

M. Berthier fait observer qu'un des plus
grands inconvénients de la désulfuration
de l'antimoine par le fer, c'est d'obliger à
chauffer très-fortement pour séparer la
matte de l'antimoine : on conçoit que cette
séparation serait plus facile et exigerait une

température moins élevée si la matte avait moins de pesanteur que le sous-sulfure de fer, et si elle était en même temps plus fusible. Or on peut remplir ces deux conditions en ajoutant au mélange un carbonate ou un sulfate alcalin.

M. Berthier a donné dans la première livraison des annales des mines de 1825, un mémoire très-détaillé sur l'essai et le traitement du sulfure d'antimoine, où il décrit plusieurs procédés susceptibles d'être appliqués en grand. Voici selon cet auteur les résultats que l'on obtiendrait, pour 100 de sulfure :

1° 65 de régule par le moyen du grillage et de la fusion subséquente avec 25 à 30 de carbonate de soude et 15 de charbon, si l'on parvenait à recueillir le minerai pulvérulent que le vent enlève dans les fourneaux de grillage ; ce que l'on pourrait faire en adaptant aux fourneaux une suite de chambres ou voûtes surbaissées, comme on le fait dans plusieurs usines, où on traite des métaux précieux : les scories pourraient servir à plusieurs reprises, et jusqu'à ce qu'elles se fussent saturées de sulfure d'antimoine.

2º 33 de régule, en fondant immédiatement le sulfure avec 50 de carbonate de soude et 8 à 10 de carbone. La scorie, traitée par l'acide sulfurique donnerait du kermès et du sulfate de soude.

3º 60 à 61 de régule avec 42 de fer métallique, 10 de sulfate de soude et 2 de charbon. Ce moyen sera probablement très-avantageux ; car l'emploi du sulfate de soude augmentera peu la dépense.

4º 57 de régule avec 60 de batitures de fer, 50 de sulfate de soude et 17 de charbon.

5º Enfin 65 à 67 de régule avec de batitures de fer, 45 à 50 de carbonate de soude et 10 de charbon.

Dans les usines où on exploite l'antimoine on ne doit pas rejeter les scories, parce qu'elles sont formées de sulfure de potasse, et de potasse combinée avec une partie d'oxide d'antimoine, et qu'en les lessivant à l'eau on obtient un kermès qui se débite pour la médecine vétérinaire.

ARSENIC.

L'arsenic, découvert en 1733 par Brandt, est un métal solide, gris d'acier, fragile, brillant lorsque sa cassure est fraîche, terne lorsqu'elle est ancienne, volatil, à cassure grénue et quelquefois écailleuse ; frotté entre les doigts, il communique une odeur sensible. Par sa pesanteur spécifique, il est rangé au huitième rang parmi les métaux usuels.

L'arsenic qui porte aussi dans le commerce le nom de cobalt gris, se rencontre dans la nature sous différents états : à l'état natif, à l'état d'oxide, à l'état de sulfure et à l'état de combinaison avec d'autres métaux, tels que l'argent, le cobalt, le nickel, le cuivre, le fer, etc. Ces différents états se rencontrent en masses, en filons et disséminés dans les terrains primitifs, secondaires et volcaniques.

On ne traite presque jamais les minerais d'arsenic proprement dits : l'arsenic et l'oxide de ce métal qui est mis dans le commerce proviennent du grillage des minerais de cobalt, d'argent, de nickel, ete.

L'arsenic natif se rencontre sous les variétés lamellaire, tuberculeuse, testacée, bacillaire, aciculaire, subradiée, globuliforme et massive. La variété tuberculeuse testacée est en tubercules composés de couches concentriques ; la massive présente dans sa fracture récente beaucoup de petites écailles qui sont comme satinées, lorsqu'on la fait mouvoir à la lumière.

L'arsenic natif est d'un gris d'acier qui se ternit et noircit facilement à l'air ; il répand une odeur d'ail très-forte, par l'action du feu. Ce minerai est très-cassant, et lorsqu'on le lime il présente à peu près l'éclat du fer ; mais cet éclat se ternit bientôt.

L'arsenic est facile à distinguer du fer et des autres minerais qui lui ressemblent, par la facilité qu'il a de se ternir à l'air, et par l'odeur d'ail qu'il répand par l'action du feu.

Les minerais qui contiennent de l'arsenic peuvent facilement être reconnus par le même moyen.

Ce grillage s'exécute sur la sole d'un petit fourneau à réverbère, qui est chauffé avec du bois ou de la houille ; ce fourneau est terminé par une longue cheminée horizontale, et par une petite chambre. C'est dans cette cheminée et dans cette chambre que se rend l'oxide d'arsenic, tandis que l'arsenic métallique se condense presque à la naissance de la cheminée. L'arsenic métallique ainsi obtenu n'est pas pur ; il doit être sublimé de nouveau dans des cornues de fonte, dont le col très-court et très-large se rend dans des récipients cylindriques.

Quelquefois aussi on se procure l'arsenic métallique en sublimant dans des cornues de fonte terminées par des cylindres l'arsenic qui se rencontre dans la nature à l'état natif.

BISMUTH.

Le bismuth, décrit en 1520 par Agricola, est connu dans le commerce sous le nom d'étain de glace. C'est un métal solide, très-cassant, blanc jaunâtre ou rougeâtre, à structure lamelleuse, très-fusible, inaltérable à l'air sec, et se rangeant au sixième rang parmi les métaux usuels par sa pesanteur spécifique.

Le bismuth se rencontre presque toujours à l'état natif, mais quelquefois à l'état de sulfure et d'oxide.

Le bismuth natif forme deux variétés particulières ; la première, qui est le bismuth natif ordinaire, se rencontre cristallisée et sous les formes lamellaire et ramuleuse. La deuxième est le bismuth natif arsénico-ferrifère.

Le bismuth natif est d'un blanc jaunâtre, d'un tissu très-lamelleux, fragile et s'égrenant par la percussion.

Ce minerai est fusible à la simple flamme d'une bougie, et se dissout avec effervescence dans l'acide nitrique, en y répandant un nuage verdâtre.

Le bismuth natif et le bismuth sulfuré se distinguent l'un de l'autre en ce que la couleur de celui-ci tire sur le gris de plomb et qu'il ne fait point effervescence avec l'acide nitrique.

Le bismuth sulfuré constitue trois variétés bien distinctes; le bismuth sulfuré proprement dit; le bismuth sulfuré plombo-cuprifère et le bismuth sulfuré plombo-argentifère. La première se trouve sous deux formes différentes; aciculaire et lamellaire. Ce minerai est soluble sans effervescence dans l'acide nitrique. Il se laisse racler très-facilement par le couteau. Il est d'une couleur moyenne, entre le gris de plomb et le blanc d'étain, quelquefois avec une teinte de jaunâtre. Il est fusible à la simple flamme d'une bougie.

Le bismuth sulfuré plombo-cuprifère se rencontre sous les formes prismatique et amorphe. Sa couleur est le gris métallique, souvent avec une teinte de jaunâtre. Il fait effervescence avec l'acide nitrique.

Le bismuth sulfuré se distingue du plomb sulfuré en ce que celui-ci ne se fond pas, comme le bismuth sulfuré, à la flamme d'une bougie, et qu'il se divise en cube par la percussion.

Le bismuth sulfuré peut être confondu quelquefois avec l'antimoine sulfuré ; mais on l'en distingue en ce que celui-ci, exposé au chalumeau sur un charbon, finit par s'y vaporiser en entier, tandis que l'autre donne un résidu réductible en bismuth pur.

Les mines de bismuth ne sont pas nombreuses. Le minerai n'y forme presque jamais le filon principal. Il paraît appartenir exclusivement aux terrains primitifs ; on l'exploite en Saxe, en Suède, etc.

La grande fusibilité de ce métal rend son extraction facile et peu dispendieuse. A Freyberg, lorsque le minerai contient peu de gangue, on se contente de le concasser et de le mettre dans des creusets autour desquels on fait un feu de bois. Bientôt le métal entre en fusion et se rassemble au fond des creusets, tandis que sa gangue moins pesante surnage le bain. Quand le minerai contient beaucoup de gangue, on ajoute un fondant terreux et alcalin.

A Schneeberg, où le minerai contient du cobalt et de l'arsenic au lieu de le mettre dans des creusets, on le place par morceaux dans des tuyaux de fer de un décimètre de diamètre et de quatorze décimètres de long. On dispose ces tuyaux en travers dans un fourneau, et on leur donne une inclination légère. L'une de leur extrémités, celle qui est la plus élevée, est fermée par un couvercle en fer; l'autre par laquelle doit s'écouler le bismuth l'est en partie par de l'argile, dans laquelle on a ménagé une petite ouverture. On allume le feu dans le fourneau, et lorsque la température est suffisamment élevée, le bismuth fond, et vient se rendre dans un récipient en fer.

Dans tous les cas, après avoir extrait le bismuth, on doit le tenir en fusion pendant assez de temps, pour volatiliser la majeure partie de l'arsenic qu'il contient presque toujours.

FIN.

SUPPLÉMENT

AUX ARTICLES OR ET ARGENT

OR.

(Page 96, après la ligne 6.)

L'OR, comme nous l'avons déjà dit, se rencontre toujours à l'état simple. Il existe en cristaux et à l'état lamelliforme, ramuleux, capillaire, granuliforme et massif. Les caractères de l'or natif sont les mêmes que ceux de l'or pur travaillé.

L'or natif se distingue du cuivre pyriteux et du fer sulfuré en ce que ces deux derniers sont cassants, et que l'or est très-ductile. Le cuivre pyriteux et le fer sulfuré sont solubles dans les acides sulfurique et nitrique, tandis que l'or n'est pas attaqué.

ARGENT.

(Page 102, après la ligne 2.)

L'argent natif constitue les variétés cristallisée, ramuleuse, filiforme, lamelliforme, granuliforme et massive. Il est rarement pur dans le sein de la terre ; il y est mêlé tantôt d'or et de cuivre, et tantôt de fer et d'arsenic. Ordinairement ces mélanges n'altèrent pas sensiblement les caractères de l'argent : on peut les désigner par les noms d'argent natif aurifère, cuprifère, ferrifère et arsenifère. L'argent natif aurifère est un alliage d'or et d'argent qui se trouve en Sibérie et en Allemagne ; on y voit des lamelles ou de petites masses qui présentent la couleur jaune de l'or, d'autres qui sont d'un blanc argentin, et d'autres d'un blanc jaunâtre. Cet alliage naturel contient de vingt à soixante-quatre d'or sur cent d'alliage. Les caractères de l'argent natif sont à peu près les mêmes que ceux de l'argent travaillé. L'argent natif se distingue du cobalt arsenical en ce que celui-ci est cassant et l'argent ductile. Exposé à la flamme d'une bougie, il donne une odeur très-forte d'ail, ce que ne fait pas l'argent

L'argent natif se distingue aussi de l'argent antimonial et de l'antimoine natif en ce que ces deux derniers ont un tissu lamelleux et sont cassants, tandis que l'argent est ductile et n'offre aucun indice de lames.

L'argent sulfuré, vulgairement argent vitreux, se rencontre dans la nature en cristaux lamelliformes, ramuleux et massifs. Ce minerai d'argent est un de ceux qui abondent le plus ; il est d'un gris métallique plombé obscur ou éclatant. Il est malléable, cède facilement au couteau qui en détache de petites lames flexibles. Un petit fragment présenté à la simple flamme d'une bougie se fond en un instant et donne un bouton d'argent malléable. Lorsque l'on expose l'argent sulfuré à une chaleur modérée, il s'en dégage des filaments d'argent semblables à celui qui est natif.

L'argent sulfuré se distingue du plomb natif en ce que celui-ci est d'un tiers plus pesant, et que fondu il n'est pas d'un blanc d'argent.

L'argent muriaté, vulgairement argent corné, se trouve cristallisé et à l'état lamellaire, mamelonné et massif. Ce minerai possède la mollesse de la cire ; il est d'un gris jaunâtre ou verdâtre, semblable à celui de la corne. Lorsque ce minerai reste exposé à la lumière, sa couleur grise prend une teinte de violet et finit par brunir. La surface des morceaux les plus purs a un certain brillant tirant sur celui de la perle. Il est translucide dans l'état de pureté.

L'argent muriaté est fusible à la flamme d'une bougie, en répandant des vapeurs d'acide muriatique. Le frottement du fer ou du zinc humecté par la vapeur de l'haleine, fait reparaître à la surface, de l'argent sous forme métallique.

L'argent muriaté se distingue du mercure muriaté en ce que celui-ci n'a point la mollesse de la cire et qu'il se volatilise en entier, tandis que l'argent muriaté donne un globule métallique.

L'argent antimonié sulfuré se divise d'après ses couleurs en deux sous-espèces; l'argent antimonié sulfuré rouge ou argent rouge, et l'argent antimonié sulfuré noir ou argent noir. L'argent rouge existe en cristaux, massif et granuliforme. Il est translucide et opaque, rouge vif, rouge obscur et métalloïde. Il est cassant et facile à racler avec le couteau. Sa poussière est rouge comme celle de la masse ; mais elle prend une teinte sombre en s'atténuant. Sa cassure est conchoïde. Il est réductible à la flamme d'une bougie. Au chalumeau, il décrépite en répandant une odeur d'ail très-faible ; si l'on continue le feu, on obtient un bouton d'argent métallique.

Quelques minerais pouvant se confondre avec l'argent rouge, les caractères distinctifs suivant faciliteront l'élimination. 1º L'arsenic sulfuré, dit réalgar : sa pesanteur est plus faible dans le rapport de 3 à 5 ; sa poussière obtenue par la trituration est jaune ; le mercure sulfuré ; sa pesanteur est plus grande au moins d'un sixième : il se volatilise entièrement au chalumeau ; l'argent rouge finit par y donner un bouton métallique : 3º pour distinguer l'argent sulfuré comparé à l'argent rouge ayant l'aspect métallique, on se rappellera que le premier est malléable et se coupe au couteau comme le plomb, au lieu d'être cassant comme l'argent rouge ; 4º le fer oligiste ; il agit sur le barreau aimanté, et non l'argent : il ne se laisse point racler facilement au couteau, comme l'argent rouge, et sa poussière n'est pas, à beaucoup près, d'un rouge aussi décidé; 5° le cuivre gris, il n'est point facile à racler comme l'argent; sa poussière est noirâtre, au lieu d'être rouge : ses formes sont aussi très-différentes.

L'argent noir se rencontre cristallisé, lamelliforme, granuliforme et cellulaire ou caverneux. Excepté sa couleur et sa poussière, qui est noir, il possède les autres caractères de l'argent rouge.

L'argent antimonial existe dans la nature, en cristaux prismatiques et à l'état granulaire et massif. Ce minerai est cassant, quoique légèrement malléable lorsqu'on le frappe avec précaution. Il est d'un blanc d'argent, lamelleux et facile à réduire par le chalumeau; mis dans l'acide nitrique, il s'y couvre, en peu de temps, d'un enduit blanchâtre, qui est l'oxyde d'antimoine.

Quelquefois ce minerai contient du fer et de l'arsenic; alors il répand une odeur très-forte d'ail, par l'action du chalumeau.

L'argent antimonial se distingue de l'argent natif en ce que celui-ci est ductible et l'autre cassant; il n'a point le tissu lamelleux, et ne forme point de dépôt blanchâtre dans l'acide nitrique. L'argent antimonial se distingue aussi du cobalt arsenical en ce

que la structure de celui-ci est granulaire,
à grain fin, et celle du premier lamelleuse.
Le cobalt arsenical exposé au chalumeau
devient attirable et colore en bleu le verre
de borax ; deux propriétés pue n'a pas l'argent antimonial.

LÉGENDES DES PLANCHES

Planche I.

Fig. 1, 2, 3 et 4. Fourneau de grillage pour la calamine à la Vieille-Montagne.

gg, Chauffes latérales sur lesquelles on brûle de la houille. — ooo, Conduits latéraux par où la chaleur et la flamme des foyers communiquent dans l'intérieur du fourneau. — pp, Ouverture au niveau du sol, par où on retire le minerai grillé. — b, Biseau qui force le minerai à se présenter aux ouvertures.

Fig. 5, A et B. Coupe et plan d'un fourneau d'affinage à la catalane.

c, Creuset composé de quatre plaques de fonte principales. — t, Tuyère en cuivre rouge. — a, Plaque de la tuyère, nommée varme. — r, Rustine. — v, Contre-vent. — k, Plaque du chio. — e, Trou du chio. — O, Issue du chio où se rendent les scories. — p, Pierre du fond du creuset. — b, Buse. — A, Mur de la tuyère. — B, Second mur, ou mureau. — D, Aire de la forge.

Fig. 6, A et B. Coupe et plan d'un fourneau à réverbère, à sole inclinée.

a, Bouche latérale par laquelle on place le combustible sur la grille F. — B, Cendrier ; il a une porte particulière au-dessous de la porte a, par laquelle arrive l'air pour accélérer la combustion. — cc, Cheminée très-élevée, placée tantôt immédiatement au-dessus du creuset, tantôt sur le côté comme figure 6, B, mais toujours à l'opposite du foyer. — d. Sole inclinée. — e, Ouverture latérale par laquelle on introduit le minerai. — f, Porte placée à l'opposé du foyer par laquelle on brasse le minerai. — F, Grille du foyer. — h, Voûte très-surbaissée du fourneau. — i, Creuset, ou partie basse de la sole, sur laquelle se rassemble la matière fondue — g, Canal de sortie du métal en fusion, que l'on ferme pendant l'opération. — p, Pont ou autel ; il est ici peu élevé, mais quelquefois il dépasse la sole de beaucoup, et forme mur entre le foyer et le laboratoire — L, Laboratoire.

Fig. 7, I et II. Plan et coupe d'un fourneau à réverbère pour la liquation du cuivre plombo-argentifère.

B, Cendrier et bouche d'aspiration inférieure. — F, Grille du foyer. — L, Laboratoire renfermant les pains de liquation bb. — aa, Plaques de fonte inclinée, formant le siége des pains de liquation bb. — rr, Rigoles recevant le plomb argentifère et le conduisant dans les bassins de réception dd.—C. Cheminée. — f, Ouverture par laquelle on charge le combustible sur la grille du foyer. — p, Ouverture latérale qui sert pour le travail.

Fig. 8, A et B. Grillage encaissé, fermé de trois côtés seulement

Fig. 9, A et B. Grillage encaissé avec chambres pour reeueillir le soufre.

Fig. 10. Grillage en plein air et en pyramide.

Fig. 11. Partie de la machine à barils tournants, dans lesquels se fait l'amalgamation.

AA, Barils, ou tonneaux cerclés de fer, renfermant le mélange pour l'amalgamation. — aa, Bondons qui ferment les barils ; ils sont retenus par une plaque de fer boulonnée et par une forte vis. — B, Hérisson qui fait mouvoir deux barils, en engrenant dans le petit hérisson bb qui est attaché sur chaque baril. — C, Arbre qui porte le grand hérisson ; il est mis en mouvement par une machine hydraulique. Au-dessous de ces barils est un bassin long, destiné à recevoir l'amalgame lorsqu'il est fait ; il y est lavé par un courant d'eau.

Fig. 12, A et B. Élévation et plan d'un fourneau pour la distillation de l'amalgame.

Dans le fourneau (*fig.* A) l'espace compris entre les lettres *h f g k i c d* est le laboratoire et ses dépendances; le chandelier *m n* a son pied dans la boîte de fer *q*, tandis que sa partie supérieure, où sont les plateaux enfilés *p p*, sont recouverts par la cloche de fer *h d f* que l'on voit détaillée et D et D'. Sur les plateaux sont les boules d'amalgame. Le foyer entoure la cloche, et se trouve au-dessus du récipient *q*, dont il est séparé par une plaque de fer ronde *c d f g*. Les bouches du foyer sont les trous oooo; elles sont latérales. La cheminée est supérieure; elle n'est pas représentée ici: lorsque les plateaux sont chargés et le feu allumé, on ferme avec la porte de fer F; le récipient du laboratoire est fermé par la plaque L. — G H, sont un enfoncement et un corps avancé pour la préparation du chandelier. Le mercure volatilisé par la chaleur retombe dans la cuve *q*; cette cuve pose dans la caisse en bois r, enfoncée dans le sol et pleine d'eau froide. Cette eau est renouvelée au moyen d'un courant qui entre en t et sort en t'. — E, est la poulie sur laquelle passe la chaîne qui sert à enlever ou replacer la cloche. — k, La roue dentelée. — *i l*, La manivelle qui la fait mouvoir.

PLANCHE II.

Fig. 1, 2, 3, 4, 5. Coupe horizontale, élévation, profil et détails d'un fourneau écossais décrit à l'article PLOMB.

Fig. 6. Pompe soufflante hydraulique.

a b c d, Cloche de bois ou de métal qui est enlevée et abaissée par une machine à eau ou à vapeur. — t, Tige au moyen de laquelle cette cloche est attachée à son moteur. — e f g h i k, Espace en fonte plein d'eau, dans lequel se meut la cloche. — r,

Roulettes pour tenir la cloche perpendiculaire. —
g h, Fonds en fonte, hermétiquement joints avec
les rebords intérieurs du bassin qui tient à l'eau.
— l, Soupape qui s'ouvre pour laisser entrer l'air
sous la cloche lorsque celle-ci monte. — BB, Tuyau
qui conduit dans le régulateur hydraulique l'air
refoulé par la cloche lorsqu'elle descend ; il dérobe
un peu sur le fond g h, afin que l'eau, qui pourrait
dans quelques cas se repandre sur ce fond, ne
puisse jamais s'introduire dans ce tuyau. — S,
Soupape qui ferme l'ouverture du tuyau B dans le
régulateur hydraulique ; elle s'oppose au retour de
l'air de ce régulateur dans la cloche.

PLANCHE III.

Fig. 1, I, II, III. Plan et coupes d'un haut fourneau.

H, Grille en charpente destinée à servir de fon-
dation au môle ou masse du fourneau. — B, Parois
du fourneau en briques ou en pierres réfractaires.
— a a a, Canaux pour l'évaporation de l'humidité,
tant du fond que des parois du fourneau. — bb,
Taque en fonte qui recouvre les canaux d'évaporation inférieurs. — c c, Paillasse de sable entre le
fond du creuset et la taque. — d, Pierre du fond
du creuset. — C, Le creuset. — o r v t, Les costières
du creuset. — o, Côté de la tuyère. — r, côté de
la rustine. — v, côté du contre-vent. — t, Côté de
la tympe. — i, Tympe de fer destinée à soutenir
ce côté au-dessus de la dame et de la percée. — k,
Taqueret de fonte enveloppant extérieurement les
ouvrages de la tympe. — m, Pierre ou plaque de
fonte inclinée, nommée dame. — n, Rebord ou
garde-feu pour empêcher les scories de tomber du
côté de la percée. — p, Percée, ouverture que l'on
débouche au moment de la coulée. — q, Frayeux,
plaque de fonte placée de champ, et qui forme
l'embrasure de la percée. — L, Laboratoire de ce

fourneau, nommé cuve. — g et h, Partie inférieure de ce laboratoire, nommée étalages. — G, ouverture supérieure du fourneau, nommée gueulard. — K, Partie supérieure du môle, nommée bune. — N, les batailles ou mur qui entourent la bune. — D, Lit de sable, de poussier de charbon, ou de scories, entre les parois et les murs du môle. — E E, Murs et contre-murs des fourneaux. — 111, Traverses de fonte, nommées marastres, qui supportent les murs au-dessus des embrasures de la tuyère et de la coulée. — z, Tuyère.

Fig. 2. A et B, Profil et plan des soufflets de bois employés dans les anciennes forges.

Le soufflet b' est supposé ouvert, pour faire voir le fond immobile et la soupape S. — Ces soufflets se composent de deux coffres pyramidaux, dont l'un pénètre dans l'autre. Le coffre inférieur b c, qui porte la buse et la soupape, est immobile ; le coffre supérieur *a*, au contraire, est mobile ; lorsqu'il s'élève, l'air entre par la soupape *s* ; lorsqu'il s'abaisse, l'air comprimé s'échappe par la buse *c*. Les bords des deux coffres s'appliquent exactement l'un contre l'autre, au moyen des litteaux *d f*, poussés par des ressorts *r*. Un arbre tournant, mû par l'eau ou la vapeur, donne le mouvement à ces soufflets, au moyen des cames h h, dont il est garnie, et qui, en appuyant sur le mentonnet *i*, font baisser la partie supérieure du soufflet et le bras *k* du levier k *l* auquel il est attaché. L'autre bras *l* remonte, et fait se relever la boîte supérieure d'un autre soufflet *a'*.

Fig. 3. Pompe soufflante.

a, Partie de l'arbre de la roue qui fait mouvoir la pompe soufflante. — a b, Manivelle coudée qui communique le mouvement à l'arbre de fer coudé f g h, au moyen du tirant b c. — i i. Bielles ou tirant du piston p. — K K, Coulisses pour diriger les tiges des pistons, et les maintenir perpendiculaires. — A, Cylindre de fonte qui se remplit d'air. — B, Cylindre qui se vide d'air. — p, Piston en bois garni d'un rebord de cuir v. — s s, Soupapes qui s'ouvrent lorsque le piston monte pour laisser entrer l'air dans le cylindre. — t, Soupape qui se ferme lorsque le piston monte. — t' Soupape qui s'ouvre lorsqu'il descend. — D, Tuyau qui conduit l'air des deux pompes dans le régulateur.

Fig. 4. Trompe.

Cet instrument consiste en un tuyau de bois perpendiculaire, cylindrique ou carré, de 2 décimètre de diamètre, et d'environ 7 mètres de hauteur abc. La partie supérieure ab a la forme d'un entonnoir allongé. Vers sa partie étroite b, sont quatre ouvertures obliques oo, qu'on nomme trompilles. L'eau amenée par le canal A au-dessus de la trompe, s'y précipite par l'entonnoir, et produit un courant qui fait entrer l'air dans la trompe par les trompilles : elle enveloppe cet air et l'entraîne avec elle dans une caisse D qui termine la trompe. L'eau, en tombant sur la planche d, qui est placée dans la caisse, se sépare de l'air, et s'écoule par les trous eee percés au fond de la caisse, dans un canal B situé à 15 décimètres au-dessus du fond de la caisse. L'air, séparé de l'eau par le choc que ce liquide a éprouvé sur la planche d, et comprimé par l'eau qui l'entoure, est chassé avec force dans le porte-vent ef, qui le conduit dans les fourneaux.

Planche IV.

Fig. 1, 2, 3 et 4. Fourneau de grillage pour le minerai de fer, suffisamment décrit à l'article grillage, p. 88 et suivantes.

Fig. 5. A B et C. Élévation, coupe et plan du fourneau à manche ou courbe, employé en Saxe pour la réduction du minerai d'étain.

a, Creuset. — b, Bassin d'avant-foyer ou de réception. — C, Cheminée. — d, Aire d'épuration. — c, Chambre où se déposent les poussières métallifères. — o, Tuyère.

Planche V.

Fig. 1, A B et C. Élévation, coupe et plan du fourneau à réverbère employé en Angleterre pour la réduction et le raffinage des minerais d'étain, et suffisamment décrit à l'article Etain, p. 229 et suivantes.

Fig. 2, 3, 4, 5 et 6 Coupe, plan, ustensiles et détails d'un fourneau à réverbère employé en Angleterre pour la réduction de la calamine, et décrit en partie à l'article Zinc, p. 207 et suivantes.

Fig. 2. Coupe verticale du fourneau passant par son axe.

Ce fourneau est enveloppé par un cône formant cheminée ; les trous d d permettent à la fumée de se rendre dans la cheminée : celle-ci est percée de portes correspondantes aux creusets. — a a, Petits murs en briques percées d'un trou, qui permet de les enlever en y introduisant une tige de fer. On détruit ces murs pour introduire ou retirer les creusets. — b, Porte du four qui se ferme avec une brique. — c, Cendrier dans lequel l'ouvrier peut entrer pour le nettoyer, et débarrasser les grilles. — e e, Conduits dans l'étage inférieur, correspondant aux creusets placés sur l'étage supérieur. — g g, Bassins de réception en tôle. — h, Tube cylindrique en tôle, qui s'adapte au bas du condenseur, et aboutit au bassin de réception. — i, Condenseur ; il est pressé fortement contre le fond du creuset, et maintenu dans cette position au moyen de deux tringles en fer k k, fixées à sa partie inférieure, à l'aide d'un boulon : ces tringles passent dans une pièce de fer m, scellée dans le mur, et sont serrées avec une vis de pression n.

La fig. 4 donne les détails de cet appareil.

1, 2, Niveau de l'étage supérieur. — 3, 4, Niveau du plafond inférieur. — 5, 6, Niveau de l'étage inférieur.

Fig. 6. Plan au niveau, 3, 4.

PLANCHE VI.

Fig. 1. A et C, Coupe et plan d'un fourneau de coupelle.

F. Grille du foyer. — f, Porte par laquelle on charge le combustible. — e, Communication du foyer avec le laboratoire. — L, Laboratoire où se forme la litharge. — c c, Coupelle que l'on place sur la sole dans le laboratoire. — C, Chapeau ou couvercle mobile du fourneau : il est en briques et en fer. — A, Grue qui sert à enlever le chapeau. — x, Portion d'un soufflet qui verse son vent sur le bain de plomb d'œuvre contenu dans la coupelle. — r, Rondelle de fer placée obliquement au-devant de la buse, pour disperser le vent. — a, Canal d'écoulement des litharges. — d, Ouverture par laquelle on jette de l'eau sur le gâteau d'argent. — T, Tuyau de la cheminée. — v v, Canaux pour l'évaporation de l'humidité. — z z, Armatures en fer.

Fig. 2. Élévation d'un fourneau d'essai, ou de coupellation.

I I, Cendrier dont les parois intérieures sont entaillées depuis sa partie supérieure jusqu'en m m. — g", Porte du cendrier. — e e é é, Prisme rectangulaire creux, composé du laboratoire e e et du foyer é é ; la partie inférieure de ce prisme est reçue dans l'entaille m m du cendrier. A la partie inférieure du foyer é é, est placée une grille. — g', Porte antérieure du foyer. Outre cette porte, il en existe encore deux sur les côtés. — g, Porte du laboratoire. — h h, Ouvertures par lesquelles on introduit une tige de fer, pour faire tomber le charbon dans l'intérieur du fourneau. — n n, Dôme en forme de pyramide quadrangulaire, s'ajustant par la partie inférieure avec le prisme e e é. o, Porte en fer, munie de deux anneaux, et dont la paroi intérieure est recouverte de terre. Cette porte ferme une ouverture qu'on appelle gueulard :

c'est par cette ouverture que l'on charge le fourneau. — rr, Cheminée du dôme.

Fig. 3, A B et C, Plan et coupe d'un fourneau employé pour l'affinage du cuivre dans quelques contrées.

B, Bouche d'aspiration. — F. Grille du foyer. — L, Laboratoire dans lequel le cuivre est fondu. — a b, Brasque. — m n, Bassins de réception. — p, Ouverture par laquelle on fait sortir les scories. — s s, soufflets dont le vent est dirigé sur le bain de cuivre. — c c, Percées par lesquelles coule le cuivre dans les bassins de réception. — c, Cheminée. — o o o, Canaux pour l'évaporation de l'humidité. — Le courant d'air chargé de calorique suit la route B F L C.

Fig. 4. A, B et C, Élévation, coupe et plan d'un fourneau à réverbère employé en Angleterre pour le grillage des minerais de cuivre.

Ce fourneau repose sur une arche représentée fig. A et B.

A, Sole horizontale ayant la forme d'une ellipse tronquée ; elle est construite en briques infusibles posée de champ. — a a, Trous dont la sole est percée ; ils sont placés au-devant de chaque porte, et servent à faire tomber le minerai grillé dans l'arche. — b b, Trous pratiqués dans la voûte du fourneau par lesquels le minerai tombe dans le four en sortant des trémies. — c, Cheminée. — d d, Ouvertures ou portes pratiquées dans les parois latérales du fourneau, et servant pour le travail. — e e, Trémies placées au-dessus de la voûte, dans lesquelles on place le minerai. — f, Porte du foyer. — k k, Armatures de fer.

Fig. 5. Plan de la chauffe et du pont d'un fourneau employé en Angleterre pour le rôtissage du cuivre impur.

a a', Canal pratiqué au milieu du pont de la chauffe, dans le sens de sa longueur, et communiquant avec l'air extérieur par ses deux extrémités. — b b b, Trous carrés pratiqués à angle droit avec

ce canal, et servant à introduire l'air dans le fourneau.

PLANCHE VII.

Fig. 1. A B, Plan et coupe d'un fourneau à réverbère employé en Angleterre, pour la fusion des
minerais de cuivre.

a, Sole en sable infusible, légèrement inclinée
vers la porte de côté, pour faciliter l'écoulement
du métal en fusion ; elle a la forme d'une ellipse
tronquée. — *b*, Porte opposée au foyer, par laquelle on brasse et on retire les scories. — *c*, Cheminée. — *d*, Porte de côté : au-dessous est un trou
par lequel s'écoule le métal en fusion. — *e*, Canal
en fer par lequel le métal arrive jusqu'à la fosse
P. Au fond de cette fosse, est un récipient en fonte
qui peut s'enlever à volonté, au moyen d'une grue :
cette fosse est remplie d'eau.

La voûte de ce fourneau est percée d'un seul
trous, au-dessus duquel se trouve une trémie,
comme dans le fourneau de grillage.

L'on remarquera, en général, que la chaleur
devant être beaucoup plus forte dans les fourneaux
de fusion que dans ceux de grillage, la chauffe est
plus grande et les ouvertures moins multipliées
dans les premiers que dans les seconds.

Fig. 2, Coupe longitudinale d'un crible à double
bascule.

C, Canal par lequel l'eau est amenée. — A,
Caisse mobile supérieure. — *iii*, Gradins sur lesquels on place le minerai. — *b*, premier crible.
— *f*, Conduit dans lequel tombe le minerai qui n'a
pu traverser le premier crible. — B, Seconde
caisse. — D, Canal qui amène l'eau dans cette
caisse. — c d e, Cribles qui vont en augmentant
successivement de grosseur. — g h k, Caisses qui
reçoivent les minerais classés par ordre de grosseur au moyen de ces cribles. — t t, Tirans qui font

mouvoir les caisses. — a a, Charnières sur lesquelles elles se meuvent.

Fig. 3. A et B, Plan et coupe des caisses à laver.
dites caisses allemandes, ou caisses en tombeau.

AA, Table proprement dite. (Voir pour la description, article Lavage, p. 72.)

Fig. 4. Chalumeau de Gahn.

Ce chalumeau se compose de 4 pièces a b c d,
données séparément : a est le tube : b, Chambre
cylindrique destinée à recevoir l'eau ; c, B, Bec. A
l'extrémité du bec c, se place un petit ajutage tel
que d, percé d'un trou plus ou moins fin, par où
l'air s'échappe. — c, Ajutage coudé que l'on place
quelquefois à l'extrémité du bec e.

a b c d, fig. 5, représente le chalumeau de Gahn
tout monté.

Ce chalumeau, démonté, peut se porter avec facilité, et est regardé comme celui qui doit obtenir
la préférence sur tous les autres.

Fig. 5. A et B, Plan et coupe des tables à laver,
fixes, dites à balais. Cette figure représente aussi
les tables à laver ordinaire, dites tables dormantes,
décrites p. 74.

c, Conduit par lequel passent le minerai et l'eau,
pour arriver du canal D sur la cour A. — d, Extrémité de la cour du côté de la table B, un peu
élevée au-dessus de cette dernière, de manière à
former chute. — E, partie de la table au-delà de la
fente e. — H. Canal qui reçoit les rebuts au moyen
d'une alonge que l'on place à l'extrémité de la
table.

(Voir pour la description détaillée, article Lavage,
p. 69 et suivantes).

Fig. 6. Coupe d'un bocard.

a a a, Traverses de charpente dans lesquelles
jouent les pilons du bocard. — A, Coupe d'un de
ces pilons. — o o, Rainure dans laquelle entrent
les cames c c c de l'arbre B, pour que le pilon soit
relevé bien perpendiculairement. — r, Petit prisme
en fer qui traverse la rainure, et sur lequel frot-

tent les cames. — v v, Rouleaux placés entre chaque pilon et les traverses a a, afin de diminuer les frottements autant que possible. — m, Partie inférieure du pilon armée de fer. — B, arbre de la roue à eau, portant les cames. — c c, Cames, ou parties saillantes en fer, destinées à soulever les pilons; leur courbe est calculée de manière à ce que leur action soit égale dans tous les moments. — h h, Auge du bocard. — h', Sol de l'auge, formé par un lit de pierres dures, ou par un seul morceau de quartz, ou mieux encore par une masse de fonte. — n, minerai broyé. — b, Canal qui amène de l'eau dans l'auge. — d, Plan incliné qui conduit le minerai broyé dans le canal e, et de là dans le labyrinthe. — C, Caisse dans laquelle on met le minerai à bocarder. Son fond est percé en f d'une ouverture par laquelle le minerai sort. Il glisse le long du canal g jusque dans l'auge. Ce canal reçoit une secousse chaque fois que le mentonnet K, qui est fixé à un pilon, frappe sur la tige i i. Dès que l'auge est pleine de minerai, le pilon ne tombant plus si bas, le mentonnet k n'arrive plus jusqu'à la tige i i, et le minerai cesse de descendre.

Fig. 7. I, II et III. Tables mobiles ou à percussion.

I, Coupe longitudinale suivant Y Y. — II, Détails et coupe de la caisse D et de la cour G, suivant X X. — III, Plan.

M, Machine qui sert à faire mouvoir la table A. — H, Arbre tournant garni de cames c. Ces cames, en appuyant sur l'extrémité d du levier d, font tourner un peu le rouleau E. Ce mouvement pousse en avant l'extrémité f du levier g f, et par suite, la pièce de bois horizontale f h, qui y est fixée. Cette pièce, en appuyant par son extrémité h contre la traverse k de la table, pousse celle-ci. Du moment où la came a quitté la pièce de bois d, la table A, suspendue par les chaînes o o, revient à sa première position, en frappant contre la

pièce z. — n, Rouleau destiné à changer l'inclinaison de la table. — m. Levier pour faire tourner le rouleau. — D, Caisse qui renferme le minerai à laver dans son compartiment 1. — I, Cloison qui sépare le compartiment 1 du compartiment 2. — t, Ouverture inférieure de cette cloison. — R, Canal qui amène l'eau dans la caisse D, et qui la verse par les deux gouttières r r'. — C, Cour fixe de la table. — bbb, Prismes de bois triangulaires.

PLANCHE VIII.

Fig. 1. Plan et coupe d'un fourneau à trois étages servant à la fois pour le rôtissage et la fusion des minerais de cuivre dans quelques usines du pays de Galles.

a, Etage inférieur destiné à la fonte du minerai. — b c, Etages supérieurs destinés au grillage qui est commencé sur la sole c, et se termine sur la sole b. — dd, Trous carrés pratiqués dans les soles bc pour établir la communication entre elles et avec la sole inférieure a. Ces trous se ferment au moyen d'une plaque de tôle. — e, Trou pratiqué dans la voûte du fourneau, par lequel on introduit le minerai sur la sole c. — f, Trémie qui surmonte le fourneau.

Il y a à chacun des étages b c deux portes sur l'un des côtés ; ces portes ne sont pas indiquées sur la coupe. Les soles b c sont faites en briques ; elles sont horizontales à leur partie supérieure et légèrement voûtées en-dessous. Elles se prolongent au-dessous de la chauffe. A l'étage a, les deux portes sont placées l'une sur le devant du fourneau (g), l'autre sur le côté (h) ; c'est au-dessous de cette porte que se trouve le trou de la coulée. — i, Cheminée du fourneau.

Fig. 1, II. Plan du fourneau à la hauteur de la sole a. — a, Sole d'une forme ellipsoïdale ; elle est faite en sable infusible et légèrement inclinée vers la porte de côté. — *l*, Pont de la chauffe. — *g*, porte vis-à-vis le foyer; elle sert pour brasser et faire sortir les scories. — *h*. Porte sur le côté, elle sert lorsque l'on veut nettoyer ou réparer le fourneau; en-dessous est le trou de la coulée. — *o*, Canal par lequel le métal est conduit dans une fosse P, au fond de laquelle est un récipient en fonte que l'on peut enlever; la fosse est remplie d'eau, en sorte que le métal en y tombant se divise en grenailles.

Fig. 2. Plan de l'appareil pour la condensation des vapeurs délétères qui s'élèvent des fourneaux où l'on grille le minerai de cuivre.

C C, Canal où aboutissent les cheminées des différents fourneaux. — *b*, Chambre à pluie prise au-dessous du couvercle. — *b'*, Plan de la même chambre à pluie, vue au-dessus du couvercle en cuivre, percé des trous par lesquels arrive l'eau. — *ee*, Cloisons verticales en briques, ouvertes à leurs extrémités latérales opposées, de manière à forcer la fumée à circuler horizontalement au milieu de l'eau qui tombe en pluie très-fine. — M, fourneau de fusion, débouchant dans la grande cheminée dont il accélère le tirage. — K, Grande cheminée à laquelle aboutit le canal C C.

Fig. 3, 4, 5 et 5 *bis*. Elévation et détails de la machine à broyer les minerais de plomb employée à Alston Moor.

y y, Cylindres cannelés s'engrenant l'un avec l'autre, et tournant en sens inverse, entre lesquels tombe le minerai en sortant de la trémie. L'un de ces cylindres cannelés est placé sur le prolongement de l'axe de la roue qui fait mouvoir toute la machine, et dont la ligne ponctuée *a*, indique la circonférence. Cet axe porte en outre une roue dentée D, qui engrène avec deux autres roues dentées *e e*, placées sur les axes des deux cylindres unis *z z'*. Les trois cylindres *y z z'* donnent, en tournant, le mouvement aux trois autres cylindres avec lesquels ils sont appareillés, au moyen des roues dentées *m m* (fig. 4), que chaque cylindre

porte sur son axe, et qui s'engrènent deux à deux l'une avec l'autre.

Au-dessus des cylindres cannelés est placée à demeure une trémie S, qui leur verse le minerai qui lui est apporté par des chariots a, roulant sur un chemin de bois ; lorsque le chariot est au-dessus de la trémie, on l'arrête, et il décharge tout le minerai qu'il contient au moyen d'une trappe s'ouvrant en-dehors, et placée au milieu du fond. Au-dessous de la trémie, se trouve une petite auge, dans laquelle tombe le minerai, et qui le verse sans cesse sur les cylindres, par l'effet des secousses que lui imprime continuellement une tringle de bois i, (fig. 5), qui y est attachée, et qui repose sur les dents de la roue m. Il ne doit jamais tomber assez de minerai sur les cylindres pour les engorger. On fait arriver sur l'auge un filet d'eau qui tombe avec le minerai entre les cylindres, et les empêche de s'échauffer. Le minerai brisé par les cylindres cannelés, tombe sur des plans inclinés n n, qui le portent sur les cylindres unis z z, z z, où il achève de s'écraser. Les cylindres sont en fonte et leurs tourillons se meuvent dans des crapaudines de laiton fixées dans des supports en fer k, attachés par des boulons à la charpente qui sert de base à tout le système. Ces supports sont percés chacun d'une très-longue mortaise, qui reçoit à l'une de ses extrémités la boîte solidement attachée de l'un des cylindres, tandis que la boîte de l'autre cylindre de la même paire peut glisser dans la mortaise, de manière à écarter ou à rapprocher les deux cylindres à volonté. Des leviers de fer X portant à leurs extrémités des poids P, s'appuient par le milieu sur des coins M, qui glissent sur un plan incliné N. Les coins, en glissant, pressent la barre de fer O, qui est appuyée contre la boîte mobile du cylindre et détermine ainsi le rapprochement des deux cylindres : si au contraire, un fragment gros et dur arrive entre les deux cylindres, l'un d'eux s'écarte et le laisse passer, sans que la machine puisse être endommagée.

Quelquefois, outre les trois paires de cylindres, il y en a une quatrième de cylindres unis destinés à broyer les matières appelées chats. L'un de ces cylindres est alors placé sur le prolongement de l'axe de la grande roue, et donne le mouvement à l'autre, au moyen des roues engrenées.

Fig. 3 bis. Détails des cylindres unis z z.

c, Boîte du cylindre fixe. — c', Boîte du cylindre mobile, contre laquelle force la barre o.

Fig. 6. Détails de la cuve à rincer, employée pour séparer le minerai de plomb de la blende.

A B, Axe vertical tournant au moyen de la manivelle e. — cc, dd', Plan attaché à cet axe, et tournant avec lui.

TABLE DES MATIÈRES

	Pages.
Préface.	V
Introduction.	IX
Définition et aperçu de l'histoire de la métallurgie.	XI
Dictionnaire des mots techniques employés en métallurgie.	1

PREMIÈRE PARTIE.

De l'essai des minerais.	25
Des essais mécaniques.	26
— par la voie sèche.	27
— par la voie humide.	31
— d'or.	31
— d'argent.	34
— de platine.	36
— de fer.	36
— de cuivre.	41
— de zinc.	44
— d'étain.	46
— de plomb.	48
— de plomb argentifère par la coupellation.	52
— de mercure.	53
— d'antimoine.	54
— d'arsenic.	57
— de bismuth.	58

DEUXIÈME PARTIE.

Pages.

De la préparation et du traitement des minerais. 59

PREMIÈRE SECTION.

De la préparation des minerais. 59
Tirage. 60
Criblage. 64
Bocardage. 69
Lavage. 81
Grillage. . . . .

DEUXIÈME SECTION.

Traitement métallurgique des minerais. . . . 93
Or. 93
Procédé d'amalgamation. 96
Argent. 101
Platine. 112
Fer. 116
Méthodes employées pour obtenir le fer direc-
tement des minerais. 141
Cuivre. 149
Traitement du cuivre argentifère. 179
Liquation 181
Procédé d'amalgamation 191
Zinc 199
Préparation du zinc par la calamine. 202
Préparation du zinc par le zinc sulfuré ou
blende. 212
Étain. 214
Préparation mécanique. 217
Traitement métallurgique. 224
Traitement au fourneau à manche. 225
Traitement au fourneau à réverbère. 229

TABLE DES MATIÈRES

. Pages.

PRÉFACE. V
INTRODUCTION. IX
Définition et aperçu de l'histoire de la métal-
  lurgie. XI
Dictionnaire des mots techniques employés
  en métallurgie. 1

PREMIÈRE PARTIE.

De l'essai des minerais. 25
Des essais mécaniques. 26
   —   par la voie sèche. 27
   —   par la voie humide. 31
   —   d'or. 31
   —   d'argent. 34
   —   de platine. 36
   —   de fer. 36
   —   de cuivre. 41
   —   de zinc. 44
   —   d'étain. 46
   —   de plomb. 48
   —   de plomb argentifère par la coupellation. 52
   —   de mercure. 53
   —   d'antimoine. 54
   —   d'arsenic. 57
   —   de bismuth. 58

DEUXIÈME PARTIE.

Pages.

De la préparation et du traitement des minerais. 59

PREMIÈRE SECTION.

De la préparation des minerais. 59
Tirage. 60
Criblage. 64
Bocardage. 69
Lavage. 81
Grillage. . . . .

DEUXIÈME SECTION.

Traitement métallurgique des minerais . . . 93
Or.. 96
Procédé d'amalgamation. 101
Argent. 112
Platine. 116
Fer. 141
Méthodes employées pour obtenir le fer directement des minerais. 149
Cuivre. 179
Traitement du cuivre argentifère. 181
Liquation 191
Procédé d'amalgamation 199
Zinc 202
Préparation du zinc par la calamine. 212
Préparation du zinc par le zinc sulfuré ou blende. 214
Étain. 217
Préparation mécanique. 224
Traitement métallurgique. 225
Traitement au fourneau à manche. 229
Traitement au fourneau à réverbère. . . . . .

	Pages.
Raffinage de l'étain.	231
PLOMB.	235
Préparation mécanique des minerais de plomb.	238
Traitement au fourneau courbe à manche.	252
Traitement au fourneau à réverbère.	256
Traitement au fourneau écossais.	264
Coupellation.	268
MERCURE.	279
ANTIMOINE.	288
ARSENIC.	296
BISMUTH.	299

SUPPLÉMENT.

OR.	303
ARGENT.	304
LÉGENDE DES PLANCHES.	311

FIN DE LA TABLE.

BIBLIOGRAPHIE

DES

MINES ET DE LA MÉTALLURGIE

ADAM (A.). — Prix de réglement des travaux de couvertures en zinc. In-4, 34 p.   3   »

ANSIAUX (L.) et MANSION (L.). — Traité pratique de la fabrication du fer et de l'acier puddlé. In-8, 282 p. et atlas in-4 de 28 pl.   15   »

APPOLT. — Description d'un nouveau four à coke. In-8, avec pl.   4   »

BALLIANO. — Métallurgie du mercure. In-8. 4   »

BAYLE, professeur de minéralogie et de géologie à l'Ecole des ponts et chaussées. — Cours de minéralogie et de géologie. Paris, 1869. (Cours autographiée, p. 1 à 248). In-4 avec 400 grav. dans le texte.   12 50

BEAU. — Atlas du mineur et du métallurgiste (2e année 1838), pl. 26 à 57 et texte. Gr. in-f., d.-r. v.   28   »

BEAUDEMOULIN. — Étude sur une propriété spéciale du sable. In-8.   2   »

BERTHIER. — Essais par la voie sèche. 2 vol. in-8. *Rare.*   »

BERZÉLIUS. — Traité de chimie minérale. 6 vol. in-8.   54   »

BESNARD. — Traité d'éclairage minéral. In-8. 1   »

BEUDANT. — Voyage minéralogique en Hongrie. 3 vol. et atlas in-4. *Rare.*   »

Beudant.—Minéralogie et géologie. 1 vol. in-18.   6 »

Bidault (E.). — Etudes minérales. Mines de houille de l'arrondissement de Charleroi. 1 vol. in-4, 180 p. et 6 pl. in-folio.   15 »

Blavier. — Jurisprudence des mines. 3 vol. in-8.   20 »

Boileau. (L.-A.). — De l'emploi du fer dans les constructions. Gr. in-8.   3 »

Bouchacourt. — Notice industrielle sur la Californie. Br. in-8, 72 p.   2 50

Brard. — Minéralogie appliquée aux arts. 3 vol. in-8, 1821.   25 »

— Traité des pierres précieuses. 2 vol. in-8, avec pl., 1808. *Rare.*   »

Buquet. — Note sur la fabrication et la réception des chaînes en fer forgé, broch. in-8.   2 »

Burat (A.). — Matériel des houillères en France et en Belgique. 1 vol. gr. in-8 et atlas de 77 pl.   60 »

— Supplément au matériel des houillères. 1 vol. gr. in-8 et 1 atlas de 40 pl. in-fol.   30 »

— Géologie appliquée, ou traité du gisement et de l'exploitation des minéraux utiles. 2 vol. in-8, avec fig.   25 »

— Géologie de la France. 1 vol. gr. in-8, avec de nombreuses fig.   16 »

— Minéralogie appliquée. 1 vol. in-8, avec 224 fig. intercalées dans le texte.   10 »

— Cours d'exploitation des mines. 1 vol. gr. in-8 et 1 atlas in-fol. de 88 pl. ; avec un Supplément composé d'un volume gr. in-8 et d'un atlas de 20 pl.   70 »

— Les Houillères de la France en 1866. 1 vol. gr. in-8 et 1 atlas in-4 de 25 pl. dont plusieurs doubles et triples.   20 »

BURAT. — Les Houillères en 1867. 1 vol. gr. in-8 et 1 atlas de 25 pl. dont plusieurs doubles et triples.　　　　　20 »

— Les Houillères en 1868. 1 vol. gr. in-8 et un atlas in-4 de 25 pl. dont plusieurs doubles et triples.　　　　　20 »

— Les Houillères en 1869. 1 vol. gr. in-8 et un atlas in-4 de 12 pl. dont pl. doub. et tr.　15 »

— Les Houillères en 1872. 1 vol. gr. in-8 et un atlas in-4 de 10 pl. doubles.　　　15 »

BURY. — Traité de la législation des mines. 2 vol. in-8.　　　　　18 »

CAILLAUX (Alfred). — Tableau général et description des mines métalliques et des combustibles minéraux de la France. 1 vol. gr. in-8.　15 »

CALLON. — Cours d'exploitation des mines. 2 vol. in-4 et 2 atlas.　　　　　60 »

— Cours de machines professé a l'École des mines. 2 vol. in-4 et 2 atlas.　　　50 »

CAMBRÉZY. — Dictionnaire minier et métallurgique allemand-français. In-18 relié.　4 »

CAMEMME. — Essai pratique sur l'emploi ou l'art de travailler l'acier. In-8.　　　7 »

CAMUS. — Trempe des fers et des aciers. In-8, 390 p. *Rare*.　　　»

CARTIER (E). — Album et calculs de résistance de fers marchands et spéciaux. Album in-fol. 5 »

CASTELAIN. — Bassin houiller de la province de Burgos. In-8, avec carte coloriées 1865.　6 »

CERFBERR DE MEDELSHEIM (A). — De l'état actuel de la métallurgie en Europe. Houille, bois. Industrie métallurgique, fonte, fer, plomb, zinc, machines, armes, etc. 1 vol. in-8, 447 p.　6 »

CHALLETON DE BRUGHAT (F.), ingénieur. — De la tourbe. Etudes sur les combustibles employés dans l'industrie. Nouveau tirage, augmenté d'un appendice. Etudes sur le coke, au point de vue de son emploi dans les machines locomotives, précédé de la carbonisation du bois suivie en Chine. 1 vol. in-8, 500 p. 7 50

CogNiet. — Les huiles minérales. Gr. in-8. 1 »

Combes (Ch.), ingénieur en chef des mines. — Traité de l'exploitation des mines. 3 vol. in-8, avec atlas. *Rare*.

Colson. — Hydrocarbures des schistes bitumineux lignifères. In-8. 1 »

Compte rendu des travaux des ingénieurs des mines, et résumé des travaux statistiques de l'administration des mines; publication faite annuellement depuis 1834, par le ministère des travaux publics. Chaque volume se vend séparément à prix divers.

Coste et Perdonnet. — Mémoire métallurgique sur le traitement des minerais. In-8, av. pl. 9 »

Couche. — Emploi de la houille dans les machines locomotives. In-8, 75 p. 5 »

Dalloz (Edouard). De la propriété des mines et de son organisation légale en France et en Belgique, guide théorique et pratique du légiste, de l'ingénieur et de l'exploitant, suivi de recherches sur la richesse minérale et la législation minière des principales nations. 2 vol. in-8, d'ensemble 1,370 p. *Rare*.

Damourette. — Résistance de la fonte de fer à la compression. In-8. 2 »

Danks. — Le Puddlage mécanique par le procédé Danks. 1 vol. in-8, avec pl. 4 »

Delbos et Koechlin. — Description géologique et minéralogique du département du Haut-Rhin. 2 vol. in-8, 1 carte et 4 coupes. 30 »

Delvaux de Feinffe. — Situation de l'industrie du fer en Prusse. In-8 et une carte. 5 »

— 335 —

Demanet fils. — Traité de l'exploitation des mines de houille. 1 vol. gr. in-18, de 404 p., 126 fig. et tableaux. Relié.   6 »

Denfer. — Album de serrurerie. Gr. in-4, contenant 100 pl. br.   13 »

Descloiseaux. — Manuel de minéralogie. 2 vol. in-8 et atlas.   30 »

Dessoye (J.-B.-J.), ancien manufacturier. — Guide pratique de l'emploi de l'acier, ses propriétés, avec une introduction et des notes par Ed. **Grateau**, ingénieur civil des mines 1 vol. de 303 p.   4 »

Destrem (le docteur Raoul). — Mémoire sur l'industrie minérale en France, contenant les procédés nouveaux pour l'extraction, la préparation et le traitement des minerais et des métaux autres que le fer. 1 vol. in-8, 148 p., avec 10 pl. in-4.   6 »

Devillez, professeur de mécanique. — Emploi des machines dans l'intérieur des mines. 1 vol. in-8 et atlas in-4.   15 »

— De l'exploitation de la houille, à la profondeur d'au moins mille mètres, 2e édit., rev. et augmentée. 1 vol. in-8, 222 p. et 2 pl. 1859.   6 »

Didier-Coyard. — Tarif du poids des fers et des fontes. In-8.   1 »

Dorlhac — Méthode d'exploitation des mines de houille et d'anthracite. In-8 et pl.   5 »

— Études sur les filons plombifères des environs de Brioude. In-8.   5 »

Dormoy. — Topographie souterraine du bassin houiller de Valenciennes. 1 vol. in-4 et atlas in-fol. contenant 25 cartes col. *Rare.*

Drapiez. — Guide pratique de minéralogie usuelle. Exposition succinte et méthodique des minéraux, de leurs caractères, de leurs compositions chimique, de leurs gisements, de leurs applications aux arts et à l'économie. 1 vol., 504 p.   4 »

DRIAN — Minéralogie et pétrologie des environs de Lyon. 1 vol. in-8, 1849.   10 »

DROUOT. — Notice sur les gîtes de houille de Saône-et-Loire. 1 vol. in-4.   11 »

DUFRÉNÉ — Les monnaies; historique, fabrication. Gr. in-8, 21 p., 26 fig.   1 50

— Les métaux bruts; extraction, exploitation et manipulation. Gr. in-8, 48 p. et 2 pl.   2 50

DUFRÉNOY, ÉLIE DE BEAUMONT. — Voyage métallurgique en Angleterre, ou Recueil de Mémoires sur le gisement, l'exploitation et le traitement des minerais de fer, étain, plomb, cuivre, zinc, dans la Grande-Bretagne. 2e édition, corrigée et considérablement augmentée, 2 forts vol. in-8, avec atlas de 39 pl., compris deux cartes géologiques de l'Angleterre, col.   20 »

DUFRÉNOY. — Cours de minéralogie appliquée aux constructions. Cours professé à l'Ecole nationale des ponts et chaussées. Edition de 1847. 1 vol. in-4 autographié de 326 p. et 5 pl.   20 »

— Traité complet de minéralogie. 5 vol. in-8 dont 1 de 260 pl. *Rare.*

DUHAMEL DU MONCEAU. — Géométrie souterraine. 2 vol. in-8 et pl. 1787.   10 »

DULEAU. — Essai théorique et expérimental sur la résistance du fer forgé. 1 vol. in-4, avec pl.   6 »

DUPONT. — Traité de la jurisprudence des mines, etc. 3 vol. in-8.   25 »

DURAND. — L'industrie, le capital et les mines de Saint-Georges en présence du public. 1 vol. in-8, 118 p.   2 »

DUROY DE BRUIGNAC. — Etude sur l'enquête métallurgique. In-8, 71 p.   2 50

EBRAY. — Etudes géologiques sur le département de la Nièvre. Gr. in-8, 372 p. 25 pl.   20 »

ECK. — Applications du fer, de la fonte et de la tôle dans les constructions civiles. 2 vol. gr. in-f. contenant 146 pl.   100 »

ENQUÊTE sur l'industrie métallurgique, sur le traité de commerce avec l'Angleterre. 2 vol. in 4.   25 »

EVRARD. — Les moyens de transport appliqués dans les mines, les usines et les travaux publics. 2 vol. in-8 et 1 atlas de 125 pl. in-fol.   100 »

FABRÉ. — Rectification des formules employées pour calculer les ponts métalliques. In-8.   2 50

— Théorie des charpentes. In-8, 64 p. et 1 pl.   4 »

FAIRBAIRN (William), membre de la Société royale de Londres. — Guide pratique de la métallurgie du fer, son histoire, ses propriétés et ses différents procédés de fabrication, traduit de l'anglais, avec l'approbation de l'auteur et augmenté de notes et d'appendices, par M. Gustave MAURICE, ingénieur civil des mines, secrétaire de la rédaction du *Bulletin de la Société d'encouragement*. 1 vol., 331 p. et 68 fig.   6 »

FAURE (F.). — Description des calorifères en fonte, perfectionnés à lames rayonnantes. In-4 et 8 fig.   2 25

FELLOT. — Note sur la machine à perforer les roches du capitaine PENRICE, pour le percement des tunnels et galeries de mines. In-8 et 2 pl. *Mémoires des ingénieurs civils* 1868.   25 »

FLACHAT, BARRAULT (A.), ET PETIT (J.), ingénieurs. — Traité de la fabrication de la fonte et du fer, envisagée sous les trois rapports, chimique, mécanique et commercial. 1re partie. Fabrication de la fonte; 2e partie. Fabrication du fer; 3e partie. Examen statistique et commercial. 3 vol. in-4, ensemble 1,439 p., avec atlas gr. in-fol. de 92 pl. dont 6 doubles.   200 »

FLACHAT (Eug.). — Étude sur l'usure et le renouvellement des rails. In-8, 26 p. 2 »

FOURNEL. — Etudes des gîtes minéraux du bocage Vendéen. 1 vol. in-4 et atlas in-f. de 12 pl. coloriées. 25 »

FRANÇOIS (J.). Recherches sur le gisement et sur le traitement direct des minerais de fer, etc. 1 vol. in-4 et atlas. 25 »

FRANQUOY. — Des progrès de la fabrication du fer dans le pays de Liége. In-8, 145 p. 3 50

GARELLA. — Etudes du bassin houiller de GRAISSESSAC, faite en 1838. 1 vol. in-4 et atlas in-fol. de 11 pl. col. 20 »

GAUDARD (J.), ingénieur civil. — Etudes comparatives de divers systèmes de ponts en fer. 1 vol. gr. in-8, de 140 pag. 14 tableaux, et accompagné d'un atlas in-4 de 9 pl. doubles. 12 »

— Théorie et détails de construction des arches de ponts en métal et en bois. 1 vol. gr. in-8, avec 38 fig. dans le texte et 3 gr. pl. 4 »

GILLOT (A.), ingénieur civil des mines. — Carbonisation du bois, emploi du combustible dans la métallurgie du fer.

1re *partie* : 1° carbonisation en forêt, carbonisation en vase clos, séparation et rectification des produits de la distillation ; 2° perte en combustible dans les traitements des minerais de fer, perte en combustible dans le traitement de la fonte, économie réalisable dans les traitements des minerais du fer et de la fonte. 1 vol., 120 p. et une planche double in-fol.

2e *partie* : 1° Quelle perte en combustible résulte du traitement des minerais de fer au haut-fourneau ? 2° Quelle perte en combustible résulte du traitement de la fonte au four à réverbère, pour la convertir en fer ou en acier ? 3° Quelles sont les économies réalisables dans le traitement des minerais de fer au haut-fourneau, dans le traitement de la fonte au four à réverbère pour la convertir en fer ou en acier, et quels sont les moyens de les réaliser? Rel. 14 »

GISLAIN (H.), ingénieur civil. — Du fer et du charbon à Epinac. — Autun et ses environs. In-8, 68 p. 1 carte et 1 tabl. 3 »

GLÉPIN. — De l'Établissement des puits de mines dans les terrains ébouleux et aquifères. 1 vol. in-8, avec 1 atlas de 46 pl. gr. in-4 dont plusieurs doubles. 25 »

GODILLOT (J.-B.), conducteur des ponts et chaussées. — Calcul de la résistance des poutres en tôle employées dans la construction des ponts et viaducs, et applications numériques de ce calcul à divers exemples de ponts pour chemins de fer. In-8, 72 p. et 1 pl. 2.50

GOSSI (Max). — L'industrie sidérurgique et le commerce d'Anvers, br. In-8. 1 »

GRAR (Edouard). — Histoire de la recherche, de la découverte et de l'exploitation de la houille dans le Hainaut français, dans la Flandre française et dans l'Artois (1716-1791). 3 vol. in-4, ensemble 1,082 p. et 4 cartes. »

GRAND (A.), ingénieur civil. — Etudes sur les huiles de pétrole, origine et gisement, application, traitement industriel, application du pétrole brut à la fabrication du gaz d'éclairage et au chauffage des foyers industriels. Prix de revient. Décret, etc. 1 vol. gr. in-8, 2 pl. 7 »

GREINER (Ad.). — Notice sur l'emploi des aciers Bessemer. In-8, 15 p. 1 »

GRUNER ET LAN, ingénieurs des mines. — État présent de la métallurgie du fer en Angleterre. 1 fort vol. in-8 de 850 p. et 9 pl. »

GRUNER. — De l'acier et sa fabrication. 3 vol. in-18, avec pl. 10 »

Gruner. — Traité de métallurgie, cours professé à l'Ecole des mines. In-8 et atlas in-folio. 50 »

Guettier (A.). — De l'emploi pratique et raisonné de la fonte de fer dans les constructions. Recueil d'expériences, d'études et d'observations pratiques adressé aux ingénieurs, aux architectes, aux conducteurs et à toutes les personnes appelées à se servir de la fonte. 1 vol. de 550 p. in-8, et 1 atlas de 24 pl. in-4. 30 »

— Données sur des constructions de ponts en fonte. Broch. in-8, 30 p. et 2 pl. 3 »

— Bronze et fonte d'arts, ouvrages d'art en métaux. 43 p. 2 »

— Guide pratique des alliages métalliques. 1 fort vol. in-18, 342 p. Relié. 4 »
Ouvrage adopté par M. le ministre de l'instruction publique.

— De la fonderie telle qu'elle existe aujourd'hui en France. In-4, 1re édition, avec appendice de la 2e édition. *Rare.* 40 »

Guéniveau. — De l'Etat de la fabrication du fer en France, etc. In-8, et pl. 4 »

Guillaume, ingénieur constructeur. — Tableau de la résistance des fers à double T employés dans la construction des bâtiments et autres. In-4, oblong. 3 »

Harzé (Emile), ingénieur des mines. — De l'Aérage des travaux préparatoires dans les mines à grisou. 1 vol. in-8, 74 p. et 4 pl. 5 »

Hassenfratz. — La sidérotechnie ou l'art de traiter les minerais de fer pour en obtenir de la fonte ou de l'acier. 4 vol. in-4, 1812. 40 »

Henvaux (D.), directeur d'usines, ancien directeur de la fabrique de Couillet. — Mémoire sur la construction des laminoirs. 2e édit., 1 vol. gr. in-8, avec fig. 10 »

Héron de Villefosse. — De la richesse minérale. 3 vol. in-4, avec cart. color. 1819. *Rare.* »

— Atlas de la richesse minérale. 1 vol. in-8 et atlas in-folio de 44 pl. 50 »

Huet et Geyler. — Mémoire sur l'outillage nouveau et les modifications apportées dans les procédés d'enrichissement des minerais. In-8 et 2 pl. 5 »

Huguenet (Isidore). — Asphaltes et naphtes. Considérations générales sur l'origine et la formation des bitumes fossiles, de leur emploi et de leur propriété aux travaux publics et privés. In-8, 404 p. 10 »

Hugueny. — Recherches expérimentales sur la dureté des métaux. 1 vol. in-8. 5 »

Jacquot. — Etudes géologiques sur le bassin houiller de la Sarre, faites en 1847, 1848 et 1850. 1 vol. in-8, avec 3 pl. coloriées et une carte à plusieurs teintes. 12 »

Jordan (S.). — Album du cours de métallurgie professé à l'Ecole centrale. 140 planches in-folio cotées et à l'échelle, avec la lettre en français et en anglais, et 1 vol. in-8. 80 »

— Notes sur la fabrication de l'acier Bessemer aux Etats-Unis. 1 broch. gr. in-8, avec pl. 4 »

— Etat actuel de la métallurgie du fer. In-8, avec pl. 5 »

— Fabrication des canons et des projectiles. Gr. in-8, avec pl. *Mémoires de la Société des ingénieurs civils* 1870. 25 »

Journal des mines jusqu'à 1815 et y compris cette année. 40 vol. in-8, avec pl., dont 2 vol. de tables analytiques des matières. 300 »

Le *Journal des Mines* a paru sans interruption depuis 1795 jusqu'en 1815, sous les auspices de l'administration des mines de France. Dès 1816, il a été publié et il continue à paraître sous le titre de *Annales des Mines.*

JULLIEN. — Traité théorique et pratique de la métallurgie du fer. 1 vol. in-4, avec atlas de 52 pl. 36 „

KARSTEN. — Manuel de la métallurgie du fer. Traduit de l'allemand, par **CULMANN.** 3 vol. in-8 et 19 pl. 25 „

— L'édition allemande originale. (1818). 15 „

KNAB (C.), ingénieur chimiste. — Etude sur les goudrons et leurs nombreux dérivés, 46 p. et 8 fig. 3 „

KOHN (**F.**). — Iron and steel manufacture etc and descriptions of many of the principal iron and steel works in gréat britain and on the continent. Gr. in-folio, London. 1869. 50 „

KRANS (M.-F.). — Étude sur le four à gaz et à chaleur régénérée de M. Siemens. In-8, 147 p., 5 pl. 10 „

KUHLMANN (F.). — Oxydes de fer et de manganèses, et certains sulfates. Broch. in-4. 1 „

KUPFFERSCHLAEGER (Is.). — Notice sur l'action du fer et du zinc dans les dissolution des métaux dont les oxydes sont solubles dans l'ammoniaque. Broch. in-8, 15 p. „ 50

— Tableaux des caractères pyrognostiques que présentent les substances minérales, traitées seules ou avec les réactifs. 10 tableaux, broch. in-4. 3 50

LAMPADIUS. — Manuel de métallurgie générale. 2 vol. in-8, avec pl. 12 50

LANDRIN. — Traité de la fonte et du fer. Théorie et pratique de la fabrication du fer. In-8, 303 p., fig. 2 pl. 10 „

— Traité de l'or. 1 vol. in-12, 415 p. 4 50

— Du plomb, de son état dans la nature, de son

exploitation, de sa métallurgie et de son emploi dans les arts. 1 vol. in-18, 556 p.   5   »

Landrin. — Traité de l'acier.   »

Théorie, métallurgie, travail pratique, propriétés et usages. 1 vol. in-18 jésus, 320 p.   5   »

Lemonnier (M.-D.). — Coup d'œil sur la métallurgie du fer dans l'Est et le Sud-Est de la France. In-8, avec carte et pl., ouvrage tiré à cent exemplaires.   20   »

Leplay. — Mémoire sur la fabrication et le commerce des fers et aciers dans le nord de l'Europe. In-8.   3   »

— Fabrication du fer dans l'occident de l'Europe. In-8 et 6 pl.   4   50

Lesoinne et Gillon. — Cours de métallurgie générale. 1 vol. in-8 et atlas.   12   »

Leygue (L.), ingénieur civil. — Note sur les surcharges à considérer dans les calculs des tabliers métalliques suivie d'une étude sur les poids au mètre courant des poutres en fer à double T. br. gr. in-8, tableaux et pl.   3   »

Leymerie. — Cours de minéralogie. 2 vol. in-8, ensemble 776 pag.   12   »

— Eléments de minéralogie et de géologie. 1 vol. 685 pag.   6   »

Lévy. — Du fonçage des puits de mines. In-8 et 11 pl.   15   »

Liger. — La Ferronnerie ancienne et moderne, ou monographie du fer et de la serrurerie, contenant 16 planches hors texte et 289 figures dans le texte.   25   »

— Pans de bois et pans de fer. 1 vol. in-8, avec figures intercalées dans le texte.   5   »

— Assemblage des planchers en fer, des pans de fer et des pans de fonte. broch. in-8.   2   »

Love (G.-N.). — Des diverses résistances et autres propriétés de la fonte, du fer et de l'acier, et de l'emploi de ces métaux dans les constructions. 1 vol. in-8, 391 p. et 2 tabl., avec bois dans le texte. 8 50

— Observations sur les prescriptions administratives réglant l'emploi des métaux dans les appareils et constructions intéressant la sécurité publique. In-8, 63 p. 2 50

Mare (G.). — Traité pratique et complet de la levée des plans de mines. 1 vol. in-8, 96 p. et 4 pl. 5 »

Malo (Léon). — Guide pratique pour la fabrication des asphaltes et bitumes. 1 vol. in-8, avec 7 pl. Relié. 5 »

Marcel de Serres, professeur à la Faculté des sciences de Montpellier. — Traité des roches simples et composées, ou de la classification géognostique des roches d'après leurs caractères minéralogiques et l'époque de leur apparition. Gr. in-18, 288 p. 5 »

Mastaing (L. de). Cours de mécanique appliquée à la résistance des matériaux. 1 vol. gr. in-8, avec de nombreuses figures intercalées dans le texte. 15 »

Mathey. — Projet d'un pont métallique à poutres droites. In-8, avec pl. 3 »

— Résistance des trains. In-8. 2 »

— Force rationnelle des essieux de wagons. In-8. 1 50

— Minium de fer comparé au minium de plomb. In-8. 1 50

Mongé, constructeur. — Constructions en fer. Nouveau cours pratique et économique de constructions en fer, traité contenant de nouvelles applications sur cet art, applicables à la construction des travaux publics, des chemins de fer et des travaux civils, devis descriptifet explicatif des prix au kilogramme, à la pièce, au mètre carré et au mètre courant, suivi de nouvelles formules pratiques pour la résistance. In-4, 60 p. et 9 pl. doubles. 10 »

Mussy. — Les mines de Rancié (Ariége). In-8, et pl. 10 »

Nogués (A.-F.), professeur de sciences physiques et naturelles. — Guide pratique de minéralogie appliquée (histoire naturelle inorganique), ou connaissances des combustibles minéraux, des pierres précieuses, des matériaux de construction, des argiles céramiques, des minerais manufacturiers et des laboratoires, des minerais de fer, de cuivre, de zinc, de plomb, d'étain, de mercure, d'argent, d'antimoine, d'or, de platine, etc. 2 vol. gr. in-18 avec nombreuses figures. 12 »

— La minéralogie et la géologie à l'Exposition de 1867. Gr. in-8, fig. et pl. 5 »

Notice sur les collections, cartes et dessins relatifs au service du Corps des mines, réunis par les soins du Ministère du commerce et des travaux publics à l'Exposition universelle de Paris en 1867. 1 vol. in-8 de 346 p. rel. 8 »

Pajot Descharmes. — Guide du mineur. 2 vol. in-8, avec pl. 10 »

Percy. — Traité complet de métallurgie, tomes I à V, avec de nombreuses gravures. 75 »

Petitgand, ingénieur civil. — Avenir de l'exploitation des mines métalliques en France. In-8, 80 p. 2 »

Philips. — The Mining and Metallurgy of Gold and Silver, mining-engineer. 1 fort vol. gr. in-8, London, 1867, 532 p. fig. pl. dans le texte. 45 »

Pichon, métreur-vérificateur de serrurerie. — Série de prix d'après des sous-détails pour servir à l'estimation et au règlement des travaux de serrurerie, revue, entièrement modifié, suivant le prix des matières premières et des objets fabriqués, seul tarif adopté par la Société centrale des architectes. In-4, 46 p. 4

PIOT. — Mémoire sur l'exploitation des mines de houille dans le Newcastel. In-8 et pl. 6 50

PLATTNER. — Traité théorique des procédés métallurgiques de grillage. 1 vol. in-8 et 6 pl. in-4. 12

PONSON. — Traité de l'exploitation des mines de houille. 4 gros volumes in-8 et un atlas de 80 pl., 2e édition. 72

— Supplément au traité de l'exploitation des mines de houille. 2 gros vol. in-8 et 1 atlas de 68 pl. in-folio. 60

POTHIER (A.-F.). — De l'exploitation et de la législation des mines en Algérie et en Espagne. Br., in-8. 3

RAVINET. — Code des ponts et chaussées et des mines. 6 vol. in-8. 55

RÉAUMUR (de). L'art de convertir le fer forgé en acier et l'art d'adoucir le fer fondu. 1 vol. in-4, avec 17 pl., 1722. 20

REDEVANCE proportionnelle des mines. In-8. 1 25

RÉSUMÉ des travaux statistiques de l'administration des mines de 1847 à 1852. 1 vol. in-4, avec cartes, 1854. 20

— De 1853 à 1859. 1 vol. in-4, 1861. 20

REY (A.). — L'huile de pétrole. In-8. 2

REY (P.). — Législation de la propriété minière, erreurs générales d'un demi-siècle ; impossibilité actuelle d'exécuter la loi du 21 avril 1810, sur les mines et nécessité d'une révision de cette loi. Br., in-8, 40 p. »

Rey (P.). — Pétition adressée à M. le ministre présidant le Conseil d'Etat, pour faire cesser les obstacles qui s'opposent à l'exécution de la loi du 21 avril 1810, sur les mines. Br. in 8, les deux brochures réunies. 6 »

Richard (G.-Tom), ingénieur. — Etude sur l'art d'extraire immédiatement le fer des minerais, sans convertir le métal en fonte. 1 vol. in-4, rempli de tableaux, avec un atlas in-folio demi-colombier. 30 »

— Les aciers académiques. In-8 3 »

Rivière, docteur ès-sciences. — *Précis de Minéralogie*, avec figures, 4 vol. in-8, et *Album de Minéralogie* contenant 22 planches coloriées. In-4, par **Kurr**. 36 »

Rivot. — Docimasie. 4 vol. gr. in-8. 55 »

— Métallurgie; cuivre, or et argent. 3 vol. et atlas. 55 »

Roswag (C.), ingénieur des mines. — Les métaux précieux considérés au point de vue économique. Ouvrage orné de 28 gravures dans le texte, de 16 pl. coloriées et d'une carte (Babinet) de la production, de la circulation et de l'absorption des métaux précieux. In-8, xv-424 p., Paris. 25 »

— La *même*, édit. de luxe, tirée a 50 exemplaires. In-4. 40 »

Rous et Schwaeblé. — L'art militaire. Fabrication et usage des armes blanches et des armes à feu, armes de chasse, armes de guerre. L'artillerie. 1 vol. gr. in-8, avec 22 pl. 14 »

Ouvrage adopté par S. Ex. le ministre de la guerre.

Sacc. — Eléments de chimie minérale. 2 vol. rel. 7 »

Sage. — Eléments de minéralogie docimastique. In-8, 1772. 10 »

Saint-Hilaire. — Voyage dans le District des diamants et sur le littoral du Brésil. 2 vol. in-8.
12 »

Sauvage et Hamy. — Etudes sur les terrains quaternaires. In-8.
2 50

Schreiber. — Traité sur la science de l'exploitation des mines, théorique et pratique. 2 vol. in-4 et 25 pl.
30 »

Schwaeblé (P.) et Darru (A.), architecte de la compagnie parisienne du gaz. — Emploi des fers Zorès, dans la construction des planchers. In-4 et 6 pl. doubles.
10 »

Serrurerie (Vignole de). — Album in-4, oblong. 126 pl.
45 »

Simonin. — La grande industrie française, l'usine du Creusot. Br. in-8.
2 »

Soulié (Emile). — Les gisements de métaux précieux des Etats et des territoires du Pacifique (Etats-Unis). In-8, 80 p. et 1 carte.
2 »

— et Lacour. — Matériel et procédés de l'exploitation des mines, perforateurs et machine à abattre la houille, etc., 96 p., 10 fig. et 12 pl.
10 »

— et Haudouin (Hipp.), anciens élèves de l'Ecole des mines. — Pétrole (le), ses gisements, son exploitation, son traitement industriel, ses produits dérivés, ses applications à l'éclairage et au chauffage. 1 vol., 232 p., avec fig. dans le texte.
4 »

Steerk (major). — Guide pratique de la fabrication des poudres et salpêtres, avec un appendice sur les feux d'artifice. 1 vol. 360 p., avec de nombreuses figures dans le texte. Relié.
6 »

Steculorum (P.), ingénieur. — Du traitement des dissolutions salines pour l'obtention du sel raffiné. Br. in-8, avec pl.
1 50

Tᴇʀʀᴇɪʟ. — Atlas de chimie analytique minérale.
In-8. 12 50

Tᴇxᴛᴏʀ ᴅᴇ Rᴀᴠɪsɪ. — La houille et la vapeur (mémoire pour M. Pᴀᴛᴇʟ, ingénieur-mécanicien).
In-8, 51 pag. 2 »

Tʜᴇʏs (L.-F.-L.), arpenteur-géomètre. — Tables des sinus pour la levée des plans de mines, et pour faciliter quelques opérations de trigonométrie, calculées jusqu'à 100 mètres, à l'usage des ingénieurs, arpenteurs, géomètres, exploitants et directeurs de mines. — Approuvées par M. Cᴀᴜᴄʜʏ, ingénieur en chef des mines. 1 vol. gr. in-8. 6 »

Tɪssɪᴇʀ (Charles et Alexandre), chimistes-manufacturiers. — Guide pratique de la recherche, de l'extraction et de la fabrication de l'aluminium et des métaux alcalins. Recherches techniques sur leurs propriétés, leurs procédés d'extraction et leurs usages. 1 vol. 226 p., 1 pl. et fig. dans le texte. 5 »

Tʀᴜʀᴀɴ. — The iron manufacture of great britain theoretically and practically considered including descriptive details of the ores, fuels, and fluxes employed, the preleminary operation of calcination, the blast, refining, and puddling furnaces engines and machinery, and the various processes in union, etc., etc., by W. Tʀᴜʀᴀɴ C. E., revised from the manuscrit of the late M. Tʀᴜʀᴀɴ, by J. Aʀᴛʜᴜʀ Pʜɪʟʟɪᴘs, author of « a manual of me tallurgy », « records of mining », etc., and William H. Dᴏʀᴍᴀɴ C. E. Tʜɪʀᴅ edition, reprinted from the second. In-4, 251, p., 48 pl. London, 1865. 60 »

Vᴀʟᴇ́ʀɪᴜs. — Traité théorique et pratique de la fabrication de la fonte et du fer, accompagné d'un exposé des améliorations dont cette industrie est susceptible, principalement en Belgique. 2 vol. in-8, d'ensemble 1,304 pag. et 2 atlas in-fol. de 64 pl. 125 »

Van Alphen, métreur, vérificateur de serrurerie. — Manuel calculateur du poids des métaux employés dans les constructions. Nouvelle édition. 1 vol. in-18, 86 p. et 2 pl.   5 »

Van Ertborn (Octave). — Mémoire sur les puits artésiens, précédé d'une notice géologique. In-8, 5 pl.   4 »

Walter de Saint-Ange, ingénieur civil, ancien directeur des hauts-fourneaux, forges et ateliers de construction, etc. — Métallurgie pratique du fer. — Description méthodique des procédés de fabrication de la fonte et du fer, accompagnée de documents relatifs à l'établissement des usines, à la conduite et au résultat des opérations. 1 vol. in-4, 600 p., accompagné d'un atlas gr. in-folio de 66 pl., des machines, appareils et outils employés à cette fabrication, et renfermant tous les détails nécessaires pour exécuter les constructions, dessiné et gravé par Leblanc, professeur.   125 »

Williams (Wye). — Considérations chimiques et pratiques sur la combustion du charbon et sur les moyens de prévenir la fumée; traduit par **Bona Christave.** 1 vol. in-8, 320 p.   7 »

Williot. — Mémoire sur la stabilité des poutres droites symétriques. In-8 et pl.   4 »

Zorès. — Système de voies ferrées. In-4.   15 »

— Album contenant les profils, assemblages, dispositions, armatures, suspensions et entretoisages des fers **Zorès,** suivi de leurs diverses applications à la construction. 1 vol. in-folio, orné de 16 pl.   25 »

Paris. — Imprimerie Polytechnique de E. Lacroix, 54, rue des Saints-Pères.

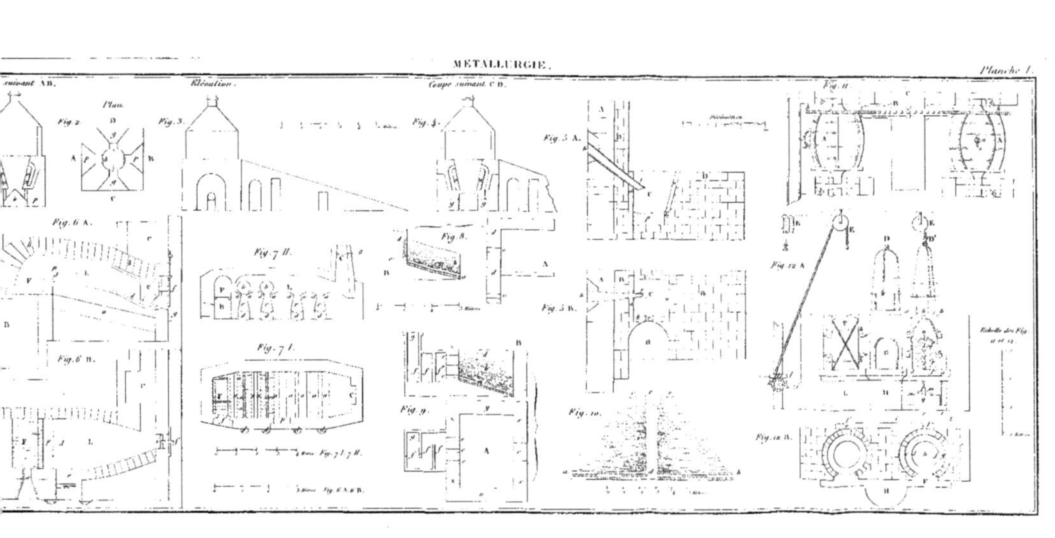
suivant A B.
Plan.
Élévation.
Coupe suivant C D.
Fig. 2.
Fig. 3.
Fig. 4.
Fig. 5 A.
Fig. 11.
Fig. 6 A.
Fig. 7 II.
Fig. 8.
Fig. 5 B.
Fig. 12 A.
Fig. 6 B.
Fig. 7 I.
Fig. 9.
Fig. 10.
Échelle des Fig.
Fig. 12 B.

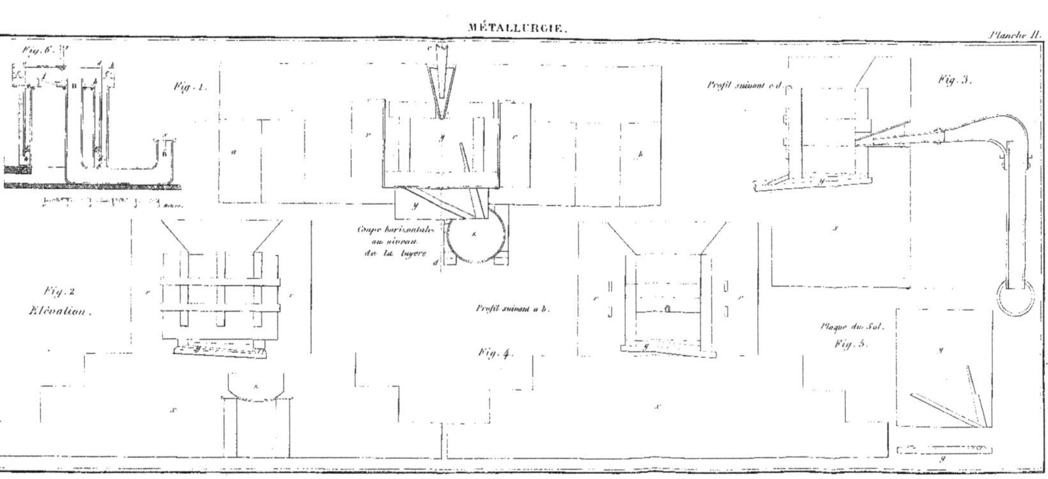

Fig. 6.
Fig. 1.
Fig. 2
Élévation.
Coupe horizontale
au niveau
de la tuyère.
Profil suivant a b.
Fig. 4.
Profil suivant c d.
Fig. 3.
Plaque du Sol.
Fig. 5.

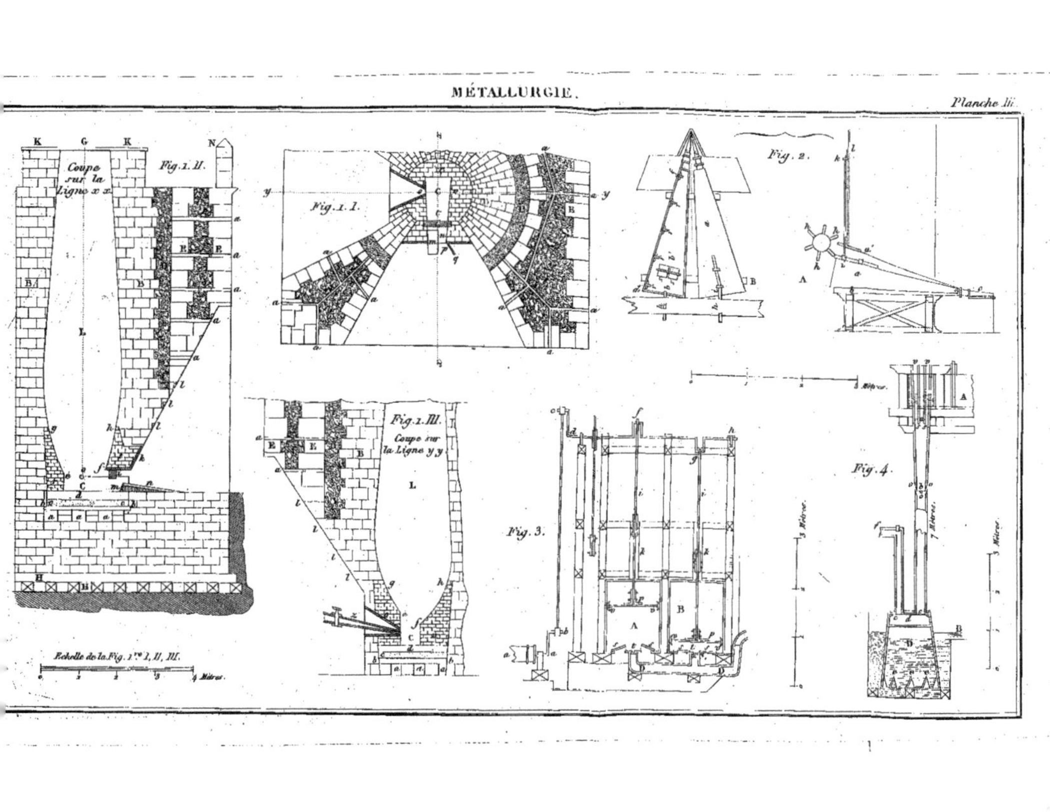
Coupe sur la Ligne x x.
Fig. 1. II.
Fig. 1. I.
Fig. 1. III.
Coupe sur la Ligne y y.
Échelle de la Fig. 1.re I, II, III.
Mètres.
Fig. 2.
Fig. 3.
Fig. 4.
Mètres.

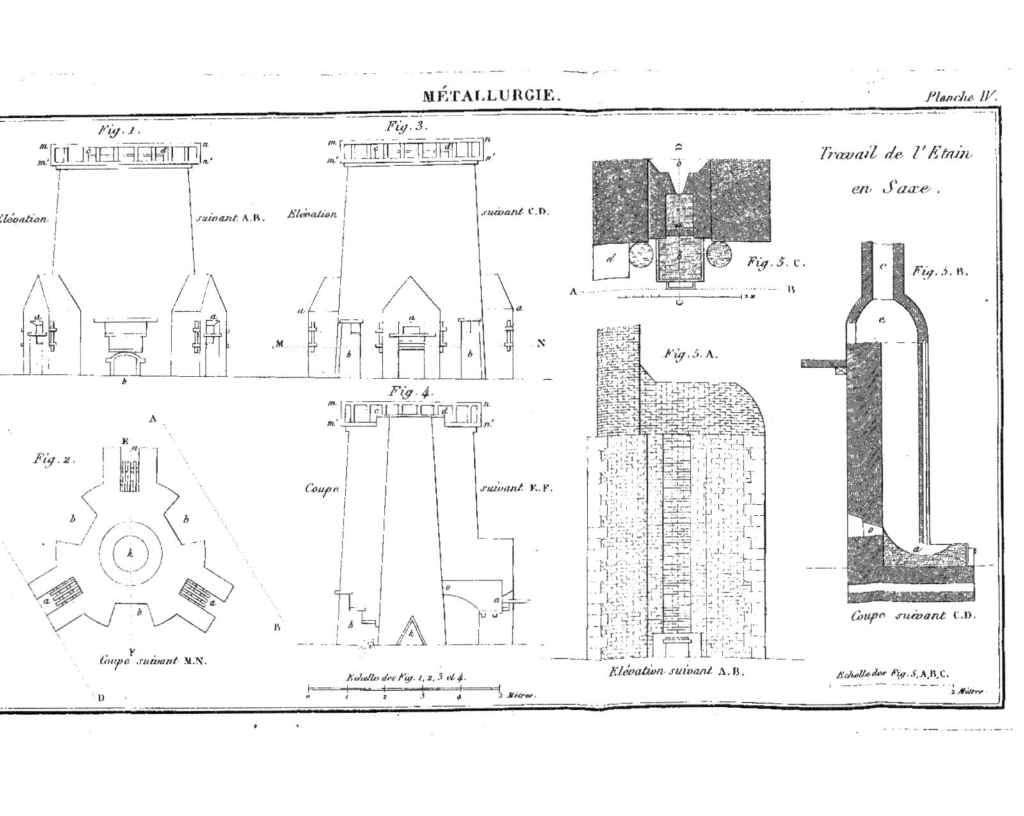
Fig. 1.
Élévation   suivant A.B.
Fig. 2.
Coupe suivant M.N.
Fig. 3.
Élévation   suivant C.D.
Fig. 4.
Coupe   suivant E.F.
Échelle des Fig. 1, 2, 3 et 4.
Métres.
Travail de l'Étain
en Saxe.
Fig. 5. C.
Fig. 5. A.
Fig. 5. B.
Coupe suivant C.D.
Élévation suivant A.B.
Échelle des Fig. 5, A, B, C.
Métre.

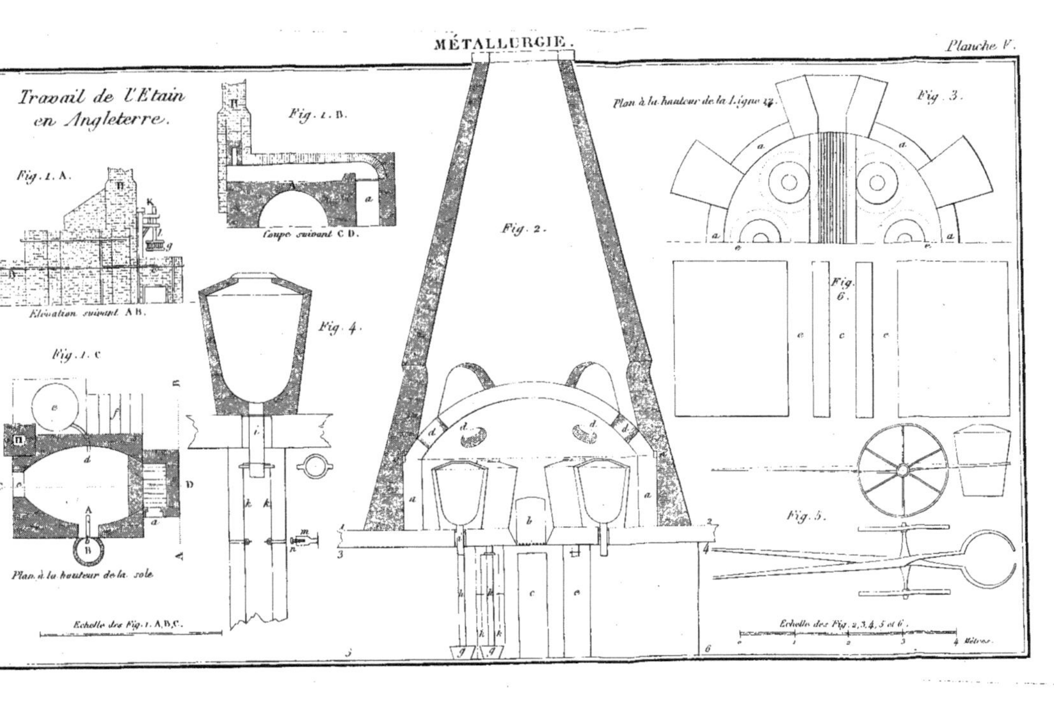

Planche V.
Travail de l'Étain en Angleterre.
Fig. 1. A.
Fig. 1. B.
Fig. 1. C.
Fig. 2.
Fig. 3.
Fig. 4.
Fig. 5.
Fig. 6.
Élévation suivant A B.
Coupe suivant C D.
Plan à la hauteur de la sole.
Plan à la hauteur de la ligne 14.
Echelle des Fig. 1. A.B.C.
Echelle des Fig. 2, 3, 4, 5 et 6.
Mètres.

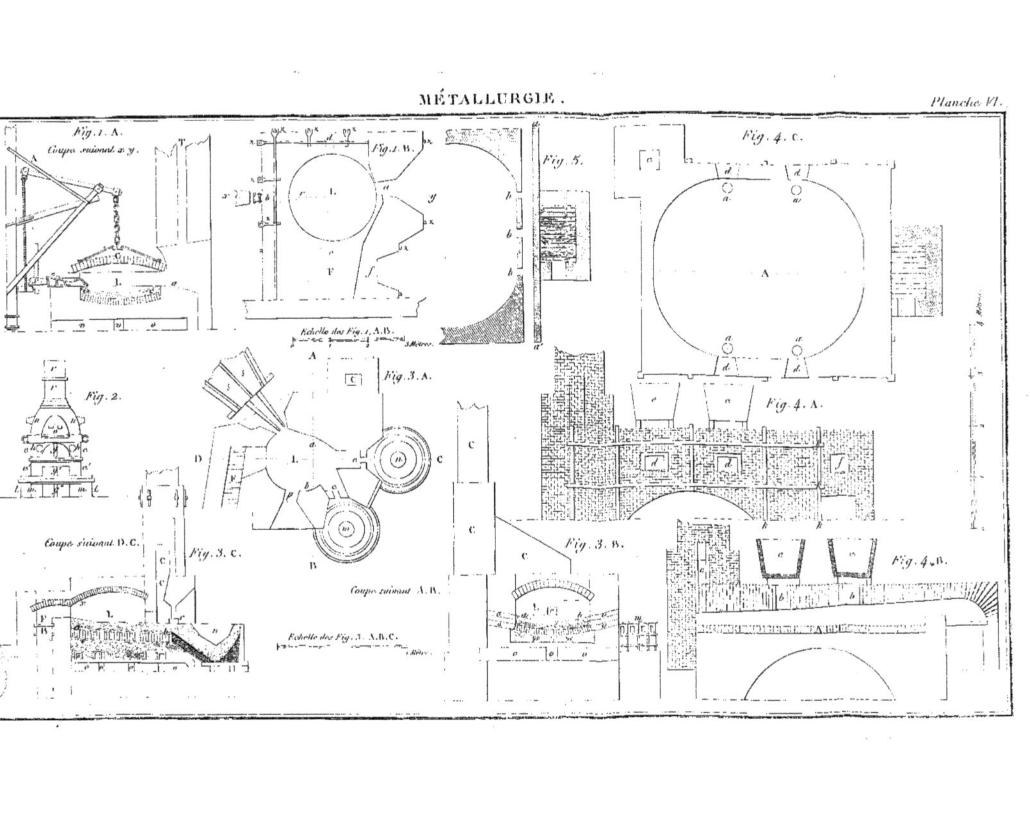
Fig. 1. A.
Coupe suivant x y.
Fig. 1. B.
Echelle des Fig. 1. A.B.
3 Mètres.
Fig. 2.
Fig. 3. A.
Fig. 3. B.
Fig. 3. C.
Coupe suivant D.C.
Coupe suivant A.B.
Echelle des Fig. 3. A.B.C.
Fig. 4. A.
Fig. 4. B.
Fig. 4. C.
Fig. 5.

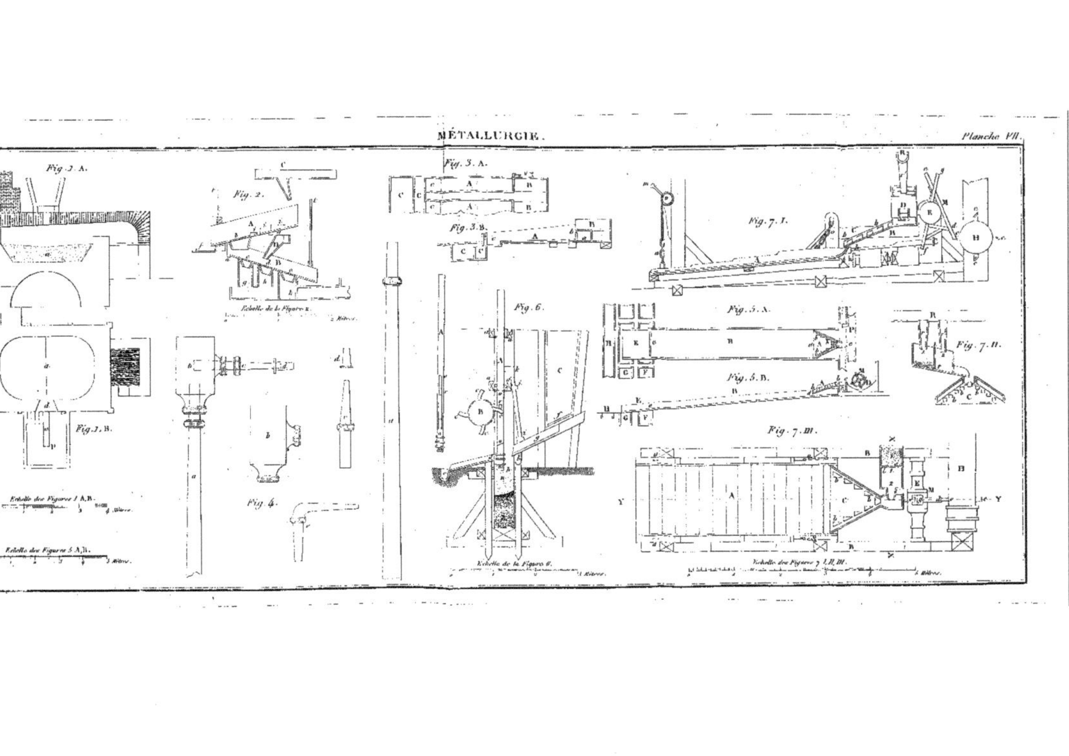
Fig. 1. A.
Fig. 2.
Fig. 3. A.
Fig. 3. B.
Fig. 7. I.
Fig. 1. B.
Fig. 6.
Fig. 5. A.
Fig. 7. II.
Fig. 5. B.
Fig. 4.
Fig. 7. III.
Echelle de la Figure 2.
Echelle des Figures 1 A.B.
Echelle des Figures 3 A.B.
Echelle de la Figure 6.
Echelle des Figures 7. I.II.III.

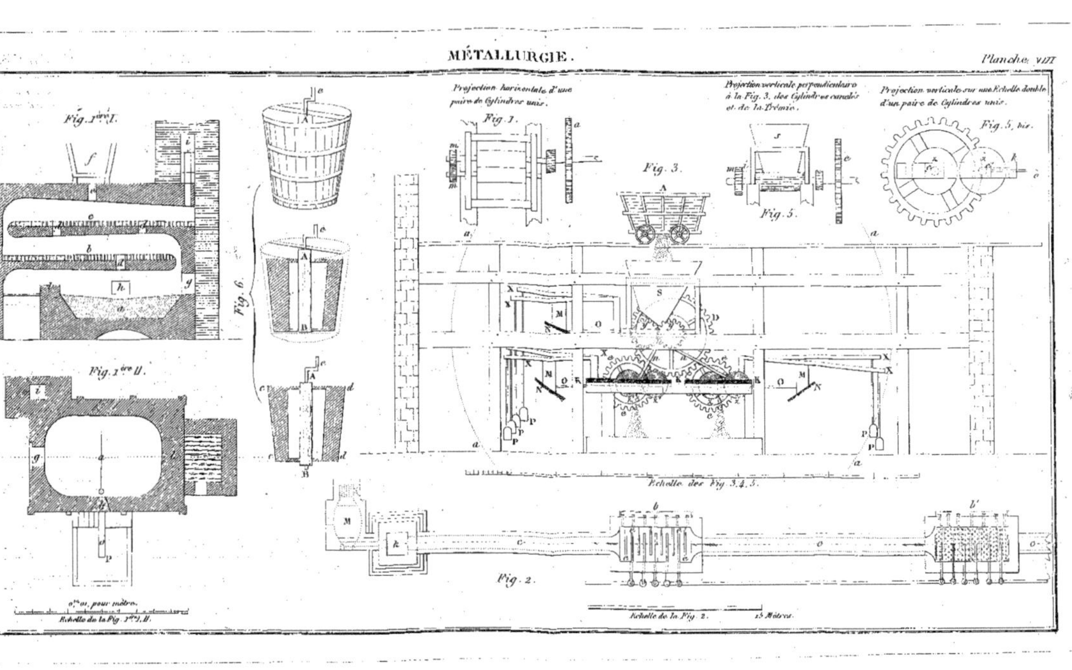

Fig. 1ère I.
Fig. 1ère II.
Fig. 6.
Projection horisontale d'une paire de Cylindres unis.
Fig. 1.
Projection verticale perpendiculaire à la Fig. 3. des Cylindres cannelés et de la Trémie.
Fig. 5.
Projection verticale sur une Echelle double d'un paire de Cylindres unis.
Fig. 5. bis.
Fig. 3.
Fig. 2.
Echelle des Fig. 3. 4. 5.
0m,01, pour mètre.
Echelle de la Fig. 1ère I. II.
Echelle de la Fig. 2.
15 Mètres.

BIBLIOTHÈQUE DES PROFESSIONS INDUSTRIELLES ET AGRICOLES
Série I, N° 5.

DICTIONNAIRE
INDUSTRIEL

A L'USAGE DE

TOUT LE MONDE

OU LES

100,000 SECRETS ET RECETTES DE L'INDUSTRIE MODERNE

Agriculture. — Animaux domestiques.
Arboriculture. — Architecture. — Arts et Métiers.
Arts industriels. — Astronomie. — Botanique. — Chemins de fer.
Chimie industrielle et agricole. — Conservation des substances alimentaires.
Constructions civiles. — Économie industrielle, domestique et rurale. — Engrais.
Géologie. — Histoire naturelle. — Hydraulique. — Hygiène. — Industries diverses.
Jardinage. — Machines à vapeur. — Machines agricoles. — Mines.
Minéralogie. — Métallurgie. — Navigation. — Physique.
Ponts et chaussées. — Zoologie.

PAR MM.

LES RÉDACTEURS DES *ANNALES DU GÉNIE CIVIL*

E. LACROIX ✻,

ingénieur civil,
Membre de l'Institut royal des ingénieurs de Hollande, etc

DIRECTEUR DE LA PUBLICATION

PARIS

LIBRAIRIE SCIENTIFIQUE, INDUSTRIELLE ET AGRICOLE
Eugène LACROIX, Imprimeur-Éditeur
Libraire et Imprimeur de plusieurs Sociétés savantes
54, RUE DES SAINTS-PÈRES, 54

DICTIONNAIRE INDUSTRIEL

PRÉFACE DE l'ÉDITEUR.

Il y a quelques années que nous avions conçu la pensée de publier l'ouvrage que nous offrons aujourd'hui au public. Dès 1869 les matériaux en étaient réunis et sans les évènements malheureux qui ont signalé les années 1870 et 1871, nous eussions fait paraître cet ouvrage trois ans plus tôt.

En le publiant nous continuons l'œuvre à laquelle nous avons consacré tous nos efforts, du jour, où nous avons créé la *Bibliothèque des professions industrielles et agricoles.*

Le Titre que nous avons adopté : *Dictionnaire Industriel à l'usage de tout le monde* en indique tout d'abord la portée.

Notre Maison qui compte bientôt un demi-siècle d'existence (1) s'est fait connaître par ses nombreuses publications, relatives aux sciences, aux arts, à l'industrie, à l'agriculture.

Avec le concours d'Ingénieurs, de Professeurs et de savants français et étrangers il nous a été donné de pouvoir fonder en 1862, les *Annales du Génie Civil.*

En 1867, nous avons avec ces courageux et savants collaborateurs pu entreprendre et mener à bonne fin une Étude consciencieuse sur *la Grande Exposition du Champ de*

---

(1) La librairie scientifique-industrielle et agricole a été fondée en 1827, par L. Mathias. M. Lacroix l'a réuni au Comptoir des Imprimeurs-Unis en 1854 et il la dirige depuis cette époque.

Mars (1). Ce travail est aujourd'hui la seule trace sérieuse de cette grande exhibition, parce que tous les articles qui le composent ont été traités au point de vue technique et non au point de vue de l'actualité; aussi le lit-on toujours avec l'intérêt qui s'attache à toute œuvre sérieuse et durable; c'est pourquoi nous avons été amené à réimprimer une seconde édition à laquelle nous avons donné ce titre que nous croyons bien approprié : *Nouvelle Technologie des Arts et Métiers, des Mines, etc.*

Deux ans avant, comme nous le disons plus haut, nous avions commencé la publication de la série de volumes, à l'ensemble duquel nous avons donné le nom de *Bibliothèque des professions industrielles et agricoles.* Cette collection compte aujourd'hui 150 volumes publiés ou en cours de fabrication ; chacun d'eux est signé d'un nom bien connu dans la science industrielle, aussi cette collection a-t-elle rapidement conquis sa place, non-seulement dans la librairie française, mais encore à l'étranger où plusieurs des volumes qui la composent ont eu l'honneur de la traduction.

Après ce préambule un peu long peut-être, mais nécessaire à l'intelligence de ce qui va suivre nous venons expliquer ce que nous avons voulu, ce que nous avons espéré faire en publiant notre *Dictionnaire Industriel.*

Par l'énumération de la quantité prodigieuse de nos récentes publications, on se rend compte aisément de la richesse de documents inédits et nouveaux dont nous disposions. Or qu'est-ce, la plupart du temps, qu'un nouveau Dictionnaire ? Une nouvelle impression ou compilation de livres plus ou moins anciens tombés dans le domaine public, ce qui met le compilateur tout à son aise pour faire de la copie rapide. Et d'abord un homme seul, osera-t-il dire qu'il a assez

(1) Études sur l'Exposition de 1867, 8 vol. gr. in-8. Ensemble 5,000 pages environ, 3,000 figures dans le texte et 2 atlas de 260 pl. in-fol. Paris, 1867-1869, Eugène Lacroix, imprimeur-éditeur, 54, rue des Saints-Pères. Prix : 120 fr.

de connaissances pour traiter et parler de tant de choses diverses alors que l'Étude complète d'une seule des branches de la science demande la vie d'un homme.

Ici n'est pas notre cas. Cinquante auteurs ont collaboré à ce livre, et chacun pour sa spécialité.

Notre seul rôle à nous n'a été que de nous occuper du choix heureux ou malheureux des questions à traiter, d'amalgamer toutes les copies, de les relier entre elles, de les coordonner et de les imprimer de notre mieux.

Un grand nombre de procédés industriels, nouvellement découverts, des inventions récentes, des recettes économiques, d'autres inventions ou recettes qui quoique connues précédemment n'ont pas encore été détrônées par la science nouvelle; *toutes ces richesses scientifiques* disons-nous faisaient et font l'objet de tous ces ouvrages publiés par nous dans ces dernières années et dont chacun est la monographie complète d'une question donnée.

Réunir en un seul ouvrage condensé, autant que faire se pouvait, la quintessence de tous ces matériaux épars et rester abordable à la majorité des personnes désireuses de s'instruire, tout en étant suffisamment claire, tel a été le but de notre entreprise.

La *variété* des matières, le *choix* à faire et la question de savoir quelles étaient celles qui mériteraient plus ou moins de développement, sont des causes qui nous ont parfois embarrassé, nous avons tâché d'éviter cet écueil sans cependant être certain d'y être toujours parvenu. Toutefois, *nos rédacteurs* se sont toujours attachés à éliminer soigneusement toutes les parties théoriques pour ne parler qu'un langage usuel qui puisse être compris de tout le monde et pour ne donner que des faits pratiques dont l'étude donnera pour fruit, nous l'espérons, une instruction réelle.

Les figures dont nous avons enrichi notre texte ne sont pas des images faites pour flatter les yeux ni pour amuser les enfants. Elles portent avec elles comme le texte qu'elles viennent rendre plus compréhensible, leur enseignement.

Parfois la vue d'un dessin en dit plus que bien des pages; aussi n'avons-nous pas négligé ce moyen propre à nous faire mieux comprendre.

En un mot la science de nos rédacteurs n'est pas ce que l'on est convenu d'appeler de la science vulgarisée, c'est de la science industrielle véritable et réellement pratique, quoique dégagée de tous les calculs abstraits et de toutes les démonstrations trop particulières à un sujet traité.

S'il ne peut faire l'objet d'une récréation futile, notre *Dictionnaire Industriel* pourra être un livre de récréation sérieuse, utile et l'objet d'études intéressantes, non-seulement pour la population industrielle et manufacturière, mais encore pour les gens de loisir.

Pour rendre cet ouvrage encore plus instructif, nous en avons fait une sorte de Dictionnaire polyglotte en donnant la traduction des termes techniques en *anglais* et en *allemand*.

Nous terminons ce court exposé en faisant connaître les noms de nos principaux collaborateurs et nous faisons suivre cette liste de la table méthodique des matières traités en donnant la série abrégée des mots qui composent notre *Dictionnaire*.

E. LACROIX.

Paris, 1er janvier 1875.

NOMS DES PRINCIPAUX RÉDACTEURS

Baltet (Ch.), arboriculture.
Barbot, art industriel.
Benoit Duportail, travaux des chemins de fer.
Belin, hydraulique.
Berlioz, horlogerie.
Berthieu (de), constructions navales.
Birot, arpentage, nivellement, propriétés rurales.
Bona, constructions rurales.
Bonneville, briqueterie.
Bouniceau, ciments, constructions à la mer.
Bourgoin d'Orli, plantes exotiques.
Champion, industries de l'Orient.
Chateau, corps gras industriels.
Clegg, fabrication du gaz.
Courtois-Gérard, jardinage et culture maraîchère.
Daguzan, les beaux-arts.
Droux, savons, bougies et chimie industrielle.
Dubief, procédés industriels, liqueurs de ménage, etc.
Dufréné, industries diverses.
Du Moncel, applications de l'électricité.
Fairbairn, métallurgie.
Flamm, chauffage et ventilation.
Fol et Kœppelin, chimie industrielle, teinture, etc.
Foucher de Careil, constructions économiques.

Frochot, sylviculture.
Garnault, physique.
Guyot, animaux domestiques.
Gobin (A.), agriculture générale.
Gobin (H.), les insectes.
Grandvoinnet, génie rural.
Jaunez, céramique.
Jeunesse, l'imprimerie, les livres, etc.
Laffineur, génie rural, irrigations, drainage.
Lerolle (L.) histoire naturelle.
Lunel (le docteur), économie domestique, hygiène.
Mariot-Didieux, la basse-cour, questions de vénérie.
Morandière, chemins de fer, la voie, les signaux, etc.
Noguès, minéralogie, géologie.
Ortolan, mécanique générale, machines à vapeur, etc.
Palaa, constructions, engins et appareils élévatoires.
Parant, tissage, filature.
Plazanet (de), hydroplastie, galvanoplastie.
Pouriau, physique agricole.
Prouteaux, papiers, cartons.
Rambosson, mélanges.
Rous, art militaire.
Sacc, chimie générale.
Stammer, sucrerie et distillation.
Vigreux, machines-outils, moteurs hydrauliques.
Villain, industries diverses.

MATIÈRES TRAITÉES

I. Économie domestique et manufacturière : procédés usuels, conservation des aliments, falsification, recettes culinaires, fabrication des liqueurs, etc.

II. Hygiène, médecine, chirurgie, pharmacie : Recettes, formules, plantes médicinales, etc.

III. Arboriculture : Jardinage, horticulture, sylviculture, culture maraîchère, essence des bois et leur emploi dans l'industrie.

IV. Agriculture : Engrais, amendements, prairie, génie rural, grande et petite culture, etc.

V. Animaux domestiques : Elevage, acclimatation, alimentation, domestication, hygiène.

VI. Insectes utiles et nuisibles, animaux de la chasse et de la pêche : Vers à soie, apiculture, pisciculture, etc.

VII. Histoire naturelle : Botanique, géologie, etc.

VIII. Art de l'ingénieur : Mines, ponts et chaussées, routes et chemins, hydraulique, machines à vapeur.

IX. Minéralogie : Mines, géologie, métallurgie, sondage, etc.

X. Architecture : Architecture civile et architecture rurale, habitations des animaux, les matériaux, les terrassements, la maçonnerie, la charpente, la serrurerie, la menuiserie, la peinture, etc.

XI. Arts et métiers : technologie, procédés de l'industrie moderne.

XII. Art militaire, Marine, Mathématiques : Navigation maritime et fluviale, astronomie, architecture navale, digues et canaux.

XIII. Chimie et physique industrielle, électricité : Produits chimiques, distillation, saccharification, etc.

XIV. Commerce : Connaissances pratiques, technologie générale et renseignements usuels et domestiques.

TABLE PAR ORDRE MÉTHODIQUE

des matières

CONTENUES DANS LE DICTIONNAIRE INDUSTRIEL.

1. *Économie domestique et manufacturière : Procédés usuels, conservation des aliments, falsifications, recettes culinaires, fabrication des liqueurs, etc.*

Abricots (*confitures d'*).
Absinthe.
Ail.
Alcarazas.
Ale.
Aliments.
Allaitement.
Amande.
Anis.
Assaisonnement.
Axonge.
Baratte.
Barrique.
Benjoin.
Benzine.
Betterave.
Beurre.
Bière.
Biscuit.
Blanchissage.
Boisson.
Bonbons (*sucre*).
Bouillon.
Bouquet (*parf.*).
Cacao (*beurre de*).
Café.
Cannelle.
Capacité (*mesures de*).
Caramel.
Cassis.
Cave.
Cerfeuil.
Cerise.
Champignon.

Chartreuse.
Châtaigne.
Cheminée.
Chèvre.
Chicorée.
Chiendent.
Chocolat.
Choucroûte.
Cirage.
Citron.
Clapier.
Cognac.
Coing.
Coloration des liqueurs.
Combustibles.
Confiture.
Cornichon.
Corset.
Coryza.
Curaçao.
Dégraissage.
Distillation.
Eau.
Eau-de-vie.
Elixir.
Encaustique.
Encre (*tache d'*).
Faisan.
Farine.
Fécule.
Fermentation.
Flanelle.
Fromages.
Fruits (*conservation des*).

Fûts.
Garus (*élixir de*).
Genièvre.
Girofle (*clous de*).
Glace.
Gouet (*plante alim.*).
Gourgane.
Groseilles (*confit. de*).
Hotte (*fumisterie*).
Huiles.
Imperméable.
Jambon.
Lait.
Lampe.
Lapin.
Lard.
Lavande.
Lavoir public.
Légumes.
Lentille.
Lessivage.
Lessive.
Levain.
Levûre.
Lie du vin.
Lingerie.
Liqueurs.
Liquides.
Lit.
Literie.
Macaroni.
Macarons.
Maïs.
Manne.
Marasquin.
Marché.
Marmelade.
Marrons d'Inde.
Médecine domestique.
Menthe.
Miel.
Moelle de bœuf.
Moisissure.
Moutarde.
Noix.

Œufs.
Orge.
Ortie.
Oseille.
Paille.
Pain.
Panne.
Parapluie.
Pâtisserie.
Pêche.
Pétrole.
Pharmacie domestique.
Pieds (*cors aux*).
Piment.
Plancher.
Poire.
Poivre.
Pomme.
Pommes de terre.
Pressoir.
Quass.
Raisin.
Ratafia.
Rave.
Réglisse.
Riz.
Rouet.
Ruche.
Sabot.
Sachets.
Sagou.
Saindoux.
Salade.
Salsifis.
Sarrasin.
Saumure.
Savon.
Seigle.
Sirop.
Son.
Soufflet.
Sophistication.
Sultans (*parfumerie*).
Tamis.
Tapioca.

Tapis.	Vaisselle.
Tenture.	Varech.
Thé.	Vermicelle.
Tomates.	Vigne.
Tonneaux ou futailles.	Vinaigre.
Topinambour.	Vins factices.
Tripoli.	Volaille.
Truffe.	Volière.

II. *Hygiène, médecine, chirurgie, pharmacie, Recettes, formules, plantes médicinales, etc.*

Aconit.	Chiendent.
Alcalin.	Chlorose.
Alcool.	Chûte.
Allaitement.	Ciguë.
Aloès.	Clou.
Amygdalite.	Colchique.
Angine.	Cold-cream.
Anis.	Colique.
Aphte.	Contre poison.
Apoplexie.	Contusions.
Appartements.	Convulsions.
Arsenic.	Coqueluche.
Asphyxie.	Coup de sang.
Bain.	Coupure.
Bardane.	Crampes.
Baume.	Croup.
Belladone.	Dartre.
Benoite.	Décoction.
Blessure.	Dents.
Boisson.	Dentrifice. (*eau*)
Bouillon.	Désinfection.
Brulûre.	Diabète.
Bryone.	Diachylon.
Calvitie.	Diapalme.
Camomille.	Diarrhée.
Camphre.	Digestion.
Cataplasme.	Durillon.
Centaurée.	Dyssenterie.
Cerveau (*rhume de*).	Eau.
Charbon.	Eau-de-vie camphrée.
Cheveux.	Empoisonnement.
Chicorée.	Engelure.

Entorse.
Érysipèle.
Éther.
Flanelle.
Fosses d'aisances.
Furoncle.
Galanga.
Galbanum.
Gale.
Garou.
Garus.
Gentiane.
Gerçure.
Germandrée.
Gingembre.
Gin-seng. (*pharm.*)
Goître.
Gourme.
Goutte.
Graine de lin.
Gravelle.
Grenade.
Grippe.
Guimauve.
Gymnastique.
Hémorrhagie.
Herbe.
Hoquet.
Humeur.
Hygiène.
Indigestion.
Inflammation.
Injection.
Ipécacuanha.
Jaunisse.
Kermès.
Kino.
Kyste.
Laboratoire.
Laudanum.
Lavement.
Lavoir public.
Liquides.
Looch.
Lotions.

Manne.
Massage.
Médecine domestique.
Mélisse.
Migraine.
Morelle.
Muscade.
Narcotique.
Natation.
Ongle.
Opiats.
Opium.
Ozone.
Palliatifs.
Palpitations de cœur.
Panacée.
Panaris.
Pavot.
Pharmacie domestique.
Phthisie.
Pieds (*cors aux*).
Pince.
Pulvérisation.
Pyrèthre.
Quassia.
Quinquina.
Rachitis.
Rage.
Rebouteurs.
Réduction.
Régime.
Rhubarbe.
Rhumatisme.
Rhume de cerveau.
Saignée,
Saignement du nez.
Sangsues.
Santé.
Sapin.
Sassafras.
Sommeil.
Spatule.
Syncope.
Tabac.
Tilleul.

Tonique.
Trichine.
Valériane.

Variole.
Vulnéraire.

III. *Arboriculture : Jardinage, horticulture, sylviculture, culture maraîchère, essence des bois et leur emploi dans l'industrie.*

Abricotier.	Haie.
Acacia.	Haricot.
Acajou.	Hêtre.
Accolage.	Horticulture.
Ambrette.	Houblon.
Angélique.	Houx.
Arboriculture.	Jardin.
Arrosage.	Jasmin.
Artichaut.	Jet d'eau.
Asperge.	Jute.
Bêche.	Labyrinthe.
Binage.	Laitue.
Bois.	Légumes.
Bordure.	Lentille.
Bourgeon.	Liége.
Bouton.	Lilas.
Bouture.	Mâche.
Buis. (*bois de*)	Maraîcher.
Cerisier.	Marcotte.
Champignon.	Marronnier.
Châssis.	Mélèze.
Châtaignier.	Navet.
Chêne.	Olivier.
Choux.	Oranger.
Choux-fleurs.	Oseille.
Coupe des arbres.	Patates.
Dahlia.	Pêcher.
Fève.	Peuplier.
Giraumont.	Pin Maritime.
Giroflier.	Plantation.
Gourgane	Poires.
Graine.	Pommes.
Grappe.	Pommes de terre.
Greffe.	Raisin.
Grenadier.	Rateau.
Groseillier.	Receper.

Salade.	Soumboul.
Salsifis.	Taillis.
Sapin.	Thym.
Sassafras.	Tomates.
Saule.	Treillage.
Serre.	Tremble.
Sève.	Vigne.

IV. *Agriculture : Engrais, amendements, prairies, génie rural, grande et petite culture, etc.*

Agriculture.	Faulx.
Algue.	Fécule.
Alluvion.	Fève.
Analyse.	Foin.
Amendement.	Fosses d'aisances.
Argile.	Fourrage.
Arrosage.	Froment.
Assolement.	Fumier.
Avoine.	Génie rural.
Battage.	Germination.
Bêche.	Graine.
Betterave.	Guano.
Beurre.	Herbe.
Binage.	Herse.
Blé.	Houe.
Boue. (*Engrais*)	Humus.
Brôme.	Instruments d'agriculture.
Bruyères.	Irrigation.
Buttage.	Labourage.
Calcaires. (*Terrains*)	Locomobile.
Céréales.	Luzerne.
Chanvre.	Maïs.
Charrue.	Manne.
Chaulage.	Marais.
Colza.	Marécageux.
Défrichement.	Moisson.
Drainage.	Moulin.
Drêche.	Moulin à vent.
Eau.	Noir animal.
Ecobuage.	Orge.
Engrais.	Pacage.
Epeautre.	Paille.
Étable.	Pâturages.
Farine.	Pâture.

Plantation.
Prairies.
Raisin.
Rateau.
Rave.
Rayon.
Riz.
Saignée.
Sainfoin.

Sarrasin.
Scarificateur.
Seigle.
Semoir.
Soc.
Tarare.
Terre végétale.
Vidanges.
Yéble.

V. *Animaux domestiques : Élevage, acclimatation, alimentation, domestication, hygiène.*

Abreuvoir.
Abri.
Acclimatation
Accouplement
Agneaux.
Ane.
Animaux domestiques en général.
Auge.
Avoine. (*coffre à*)
Basse-cour.
Bélier.
Benoite.
Bergeries.
Bœuf.
Bouc.
Boxes.
Brebis.
Brise-vent.
Canard.
Cheval.
Chèvre.
Clapier.
Cochon.
Colombier.
Constructions rurales.
Crèche.

Croisement.
Dindon.
Domestication.
Équarrissage.
Écurie.
Étable.
Foin.
Fourrage.
Gallinacées.
Garrot.
Gélatine.
Genet (*cheval*).
Gesse (*alimen.*).
Grappe (*méd. vétér.*).
Haras.
Incubation.
Kyste.
Lapin.
Oie.
Pacage.
Paille.
Pâturages.
Ruche.
Son.
Vache.
Volière.

VI. *Insectes utiles et nuisibles, animaux de la chasse et de la pêche : vers à soie, apiculture, pisciculture, etc.*

Abeilles. Entretien, travaux d'été, maladies.

Ablette.
Alevin.

Alose.	Gallerie (*ins. par.*).
Anguille.	Gibier.
Appàt.	Goujon.
Aquarium	Graine. (*vers à soie*).
Barbeau.	Guêpe.
Barbue.	Hameçon.
Bécasse.	Hareng.
Belette.	Huître.
Blaireau.	Insectes.
Bourdon.	Laie.
Bouvreuil.	Loutre.
Brème.	Mouches.
Brochet.	Moule.
Carpe.	Ostréiculture.
Cerf.	Pêche.
Cochenille.	Pisciculture.
Cousin.	Rats et souris.
Faisan.	Saumon.
Galle (*noix de*).	Taupe.

VII. *Histoire naturelle : Botanique, géologie, etc.*

Aconit.	Chiendent.
Algue.	Coton.
Aloës.	Dartrier.
Amandier.	Datisque.
Anis.	Dattier.
Argile.	Dracocéphale.
Amadou.	Dragonnier.
Avoine.	Gaïac.
Bardane.	Galanga.
Benoite	Galbanum.
Bourgeon.	Galipot.
Bouton.	Garance.
Bouture.	Garou.
Bryone.	Gaude.
Cacao.	Gemme (*joaillerie*)
Cacaoyer	Gemme (*sel*).
Caféier.	Genêt.
Cannelle.	Genévrier.
Caoutchouc.	Gentiane.
Centaurée.	Géologie.
Châtaigner	Germandrée.
Chicorée.	Germination.

Gesse.
Giroflier.
Glaciers.
Gland.
Gneiss (*granit*).
Gomme.
Gouet.
Graine.
Guimauve.
Herbe.
Herbier.
Houblon.
If.
Igname.
Indigotier.
Insectes.
Iris.
Jute.
Lentisque.
Marais.
Marbre.
Marne.
Mélèze.
Morelle.
Orseille.
Ortie.
Paléontologie.

Patates.
Pétrole.
Piment.
Poivrier.
Pyrèthre.
Quercitron.
Quinquina.
Racine.
Réglisse.
Repiquage des meules.
Rhubarbe.
Robinier.
Safran.
Sagou.
Saumon.
Sève.
Sorbier.
Stalactites.
Storax.
Sumac.
Tilleul.
Topinambour.
Tournesol.
Vanille.
Varech.
Zoologie.

VIII. *Art de l'ingénieur : Mines, ponts et chaussées, routes et chemins, hydraulique, machines à vapeur, etc.*

Abaque.
Alignement.
Aqueduc.
Architecture hydraulique.
Arpentage.
Artésiens (*puits*).
Asphalte.
Bac.
Bélier hydraulique.
Béton.
Bielle.
Bitume.
Bois.

Boulons.
Brique.
Calque.
Chaleur.
Chaudière.
Chaux.
Chemins de fer.
Ciment.
Construction (la) en général.
Danaïde. (*hyd.*)
Drague.
Drainage.
Dynamite.

Dynamomètre.
Eau.
Écluse.
Égoût.
Émeri.
Engrenage.
Flotteur.
Générateurs.
Genou. (*méc.*)
Géodésie.
Géologie.
Goniomètre.
Graissage.
Graphique. (*l'art*)
Graphomètre.
Grue (*mach. élév,*).
Grume (*bois en*).
Hectare.
Hotte à draguer.
Houille.
Hydraulicien.
Hydraulique.
Hydromètre.
Hydrostatique.
Immersion.
Incrustation.
Inertie.
Injection des bois.
Irrigation.
Jalon.
Jaugeage.
Jet d'eau.
Jetée.
Joint universe..
Kilogrammètre.
Laitier.
Laiton.
Laminage.
Lavis.
Lavoir public.
Lé.
Levage.
Levée.
Lever des plans.
Levier.

Lime.
Limeur (*étau*).
Lingot.
Lingotière.
Locomobile.
Locomotive.
Lubrificateur.
Lut (*mastic*).
Macadam.
Machines.
— à vapeur.
— à calculer.
Machiniste.
Manomètre.
Marais.
Marteau-pilon.
Mastic.
Mécanicien
Mécanique.
Métal.
Métallurgie.
Minerais.
Minéraux utiles.
Mire.
Môle (*brise-lames*).
Monnaies (*fabr. des*).
Monte-charges.
Mortiers.
Moteur.
Moufle.
Mouflette.
Musoir.
Niveau.
Nivellement.
Noria.
Palan.
Palée de ponts.
Palier.
Palplanche.
Parallèle.
Pavage.
Pavé.
Pendule.
Perspective.
Phare.

Pic.
Pieu.
Pignon.
Pince.
Planimétrie.
Pompes.
Pont.
Poulie.
Presse.
Pression.
Pressoir.
Puits artésiens.
Quai.
Quinconce.
Rails.
Railways.
Receper.
Refus.
Regard.
Règle à calculer.
Régulateur.
Remblai.
Réservoir.
Rigole.
River.
Robinet.
Rondelle.
Rouage.
Roue.

Sas.
Scieries mécaniques.
Sémaphore.
Signal.
Siphon.
Soles.
Sondage.
Sonnette.
Soupape.
Tiroir.
Toile a calquer.
Tôle.
Tracé.
Trajectoire.
Travée.
Tréfilerie.
Turbine.
Tuyaux.
Vanne.
Vapeur.
Vaporisation.
Viaduc.
Vide.
Voirie.
Volant.
Volume
Voûte.
Wagon.

IX. *Minéralogie : Mines, géologie, métallurgie, sondages, etc.*

Acier (*moyen de reconnaître l'*).
Albâtre.
Alfénide.
Alliage.
Aluminium.
Amalgame.
Ambre.
Analyse.
Antimoine.
Ardoise.
Argent.

Arsenic.
Asphalte.
Barium.
Basalte.
Bismuth.
Bronze.
Carrière.
Cémentation.
Craie.
Cristal.
Cuivre.
Dame.

Diamant.
Docimasie.
Éclairage.
Émeri.
Étain.
Fenderie.
Fer.
Fer-blanc.
Fonte.
Fourneaux.
Gaize.
Galène.
Gangue.
Gaz.
Gemme (*sel*).
Géologie.
Gisement.
Gîte métallifère.
Grain de l'acier.
Granite.
Graphite.
Grenat.
Grès.
Grisou (*feu*).
Gueulard.
Gueuse.
Gypse.
Gypseux.
Houe.
Houille.
Inorganique.
Iris.
Jour (*travailler à*).
Lait er.
Laiton.
Lignite.
Limaille de fer.
Limes.
Lingot.
Lingotière.
Litharge.
Louchet.
Malléabilité.
Marteau de forge.
Martinet.

Menu (*houille*).
Métal.
Métallurgie.
Mica.
Mines.
Minerais.
Minéralogie.
Minéraux utiles.
Moufle.
Mouflette.
Moulage.
Moule.
Naphte.
Nickel.
Ocre.
Oolithe.
Opale.
Or.
Orpailleur.
Oxyde.
Palladium.
Paille.
Parachute.
Pétrole.
Phosphate.
Pic.
Pierre.
Platine.
Plomb.
Plomberie.
Porion.
Pyrite.
Quartz.
Raffinage.
Récipient.
Recuit.
Réfractaire.
Régule.
Retrait.
Rigole.
Ringard.
Roche.
Rouille.
Sable.
Sablière.

Saumon.
Schiste.
Schlisch.
Scories.
Sel.
Silicate.
Sondage.
Sonde.
Soufre.
Soufrière.
Spath-Fluor.
Stratification.
Sulfure métallique.
Table.
Tarière.
Talc.

Tôle.
Tourbe.
Traitement des minerais.
Tréfilerie.
Trempe de l'acier.
Tripoli.
Urane.
Usine.
Vermillon.
Wolfram.
Xhaver.
Ytterby.
Yttriatantalite.
Yttrium.
Zinc.

X. *Architecture : architecture civile et architecture rurale, habitations des animaux, les matériaux, les terrassements, la maçonnerie, la charpente, la serrurerie, la menuiserie, la peinture, etc.*

Abreuvoir.
Abri.
Alignement.
Aqueduc.
Architecture en général.
Ardoise.
Auge
Basalte.
Base.
Batte.
Bergerie.
Béton.
Bitume.
Bois.
Boulons.
Boxes.
Brique.
Calque.
Calorifère.
Carreau.
Cave.
Céramique.

Chaux.
Cheminée.
Ciment.
Colombier.
Construction (la) en général.
Dalème. (*fum.*)
Dallage.
Dalle.
Dalles hydrofuges.
Dame.
Dé.
Eau.
Écurie.
Étalement.
Faisanderie.
Fosses d'aisances.
Girouette.
Grume (*bois en*).
Habitation.
Halle.
Hotte.
Huisserie.

If.
Jambage.
Jointoiement des tuiles
Jour (*travailler à*).
Lambourde.
Lambris.
Lavis.
Lavoir public.
Levage.
Levier.
Libage.
Limousinage.
Loup.
Lut.
Maçonnerie.
Marbre.
Marbre factice.
Marché.
Matériaux.
Monte-charges.
Mortiers.
Moufle.
Mouflette.
Moule à balles.
Murs.
Niveau.
Nœud.
Palplanche.
Pan-de-Bois.
Paratonnerre.
Parpaing.
Pavage.
Peintre en bâtiment.
Peinture.
Perspective.
Phare.
Piédestal.
Pied-de-biche.
Pierre.
Pieu.
Pignon.
Pince.
Plafond.
Plancher.
Plâtre.

Plomberie.
Poncer.
Poterie.
Poulie.
Puits artésiens.
Quinconce.
Rabot.
Raboter.
Ravalement.
Receper.
Regard.
Relief.
Réparations locatives.
Réservoir.
Rideau de cheminée.
Rifflard.
Rouet.
Ruche.
Sablière.
Sabots de moulures.
Santal.
Saper.
Sapin.
Scellement.
Sculpture.
Serre.
Serrure.
Serrurerie.
Siccatif.
Silicatiser.
Soles.
Solide.
Solives.
Soubassement.
Soupape.
Stuc.
Tenaille.
Tenon.
Terrain.
Tilleul.
Toile à calquer.
Toit.
Tôle.
Torchis.
Tracé.

Trajectoire.	Ventilation.
Travée.	Vérin.
Treillage.	Viaduc.
Trigonométrie.	Vice de construction.
Truelle.	Voirie.
Tuiles.	Voûte.
Usufruit.	Vrille.

XI. *Arts et métiers : Technologie, procédés de l'industrie moderne, etc.*

Abaque.	Câble.
Affûtage.	Cachemire.
Aiguilles.	Cacholong (*bij.*).
Alésoir.	Cachou (*parf.*).
Allumettes.	Cadres.
Améthyste.	Calcédoine (*bij.*).
Amidon.	Calorifère.
Argenture.	Calque.
Amadou.	Campêche (*bois de*).
Asphalte.	Caoutchouc.
Badigeon.	Carat (*bij.*).
Ballon.	Carmin.
Bandoline (*parf.*).	Carrosserie.
Baromètre.	Céramique.
Barrique.	Céruse.
Bascule.	Chandelle.
Bâtons aromatiques.	Chanvre.
Benjoin (*parf.*).	Chaudière.
Benzine.	Chocolat.
Bergamotte. (*parf.*)	Chrôme (*teint.*).
Bière.	Chrysoprase (*bij.*).
Bijouterie.	Cinabre (*parf.*).
Bleu.	Cire.
Boort (*joail.*).	Cochénille.
Bougie.	Cold-cream (*parf.*)
Bouquet (*parf.*).	Colle.
Brésil (*bois du*).	Cologne (*eau de*).
Brillantine (*parf.*).	Coloration.
Brique.	Combustibles.
Bronze.	Corail (*bij.*).
Brunissage.	Cornaline (*bij.*).
Buis. (*bois de*)	Cosmétique.
Burin.	Coton.

Couleurs à l'huile.
Daguerréotype.
Damasquineur.
Dame (*pavage*).
Décapage.
Décatissage.
Décoloration.
Décortication.
Dégraissage.
Dégras.
Dentelle.
Dépilatoire.
Détrempe.
Diamant.
Distillation.
Dorure.
Drap.
Drêche (*brasserie*).
Eau-de-vie.
Ebène (*bois d'*).
Ebénisterie.
Ecaille.
Ecarlate.
Ecarrissage.
Ecarrissoir.
Eclairage.
Ecluse.
Électricité.
Email.
Emeraude.
Emeri.
Emulsines.
Encre.
Engrenage.
Essence.
Etain.
Etamage.
Etau.
Faïence.
Fécule.
Fernambouc (*bois de*).
Feutre.
Feux d'artifice.
Fil.
Flanelle.

Fleurs.
Fonte (*cuivrage de la*).
Fourneau.
Fusil
Gaïac (*bois de*).
Galée (*impr.*).
Galle (*noix de*).
Ganse.
Garance (*teint.*).
Gaude (*teint.*).
Gaufrage (*impr. des étof.*)
Gaz (*fabrication du*).
Gaze.
Gazomètre.
Gélatine,
Gemme (*joail.*).
Genestrole (*teint.*).
Giette (*fil.*)
Glace (*industrie de la*).
Glace (*verrerie*).
Glacière,
Glaise (*poterie*).
Glycérine.
Gomme.
Goudrons de houille.
Gouge.
Goujon (*serr.*).
Gutta-percha.
Graissage.
Graveur.
Gravure ((*sur pierre, sur acier, sur cuivre, sur bois*, etc.).
Grenat (*joail.*).
Grès (*poterie*).
Gros bleu.
Grue (*mach. élév.*).
Harmoniflute.
Harmonium.
Herminette.
Hongroyeur.
Horloge.
Horlogerie.
Huile de pieds de bœufs.
Impressions des étoffes.

Imprimerie.
Incrustation.
Indigo.
Instruments en général.
Iris.
Ivoire.
Jacaranda.
Jante.
Jasmin.
Jaune de chrôme
Jeux d'orgues.
Joaillier.
Jonquille
Jour (*travailler à*).
Jute.
Kaleïdoscope.
Kaolin.
Kermès.
Kilogrammètre.
Kino.
Laboratoire.
Lacet.
Laines.
Laminage.
Lampe.
Lapidaire.
Laque.
Lavande.
Lavis.
Lentille.
Lessive.
Lettre de voiture.
Levain.
Libraire.
   — éditeur.
Liége.
Limeur (*étau*).
Lin.
Lingerie.
Lisser.
Lithographie.
Livres.
Locomobile.
Locomotive.
Lubrificateur.

Lunettes.
Lustrer.
Lut (*mastic*).
Machine à calculer.
Machiniste.
Macis.
Maçon.
Maçonnerie.
Macquage.
Manipulateur.
Marais salants.
Maroquin.
Marteau.
Mastic.
Mécanicien.
Mécanique.
Mégisserie.
Mélèze.
Menuisier.
Métal.
Métiers à filer.
Microscope
Modelage.
Modèle.
Modeleur.
Monnaie.
Monnayage.
Moquettes.
Moteur.
Moulage.
Moule.
Moulin.
Moulin à vent.
Mouture.
Musc.
Myrrhe.
Nacre.
Nankin.
Navette.
Néroli.
Optique.
Orfèvre.
Orfévrerie.
Orgue.
Orpailleur.

Outil.
Ouvriers.
Ouvrières.
Paille (*chapeaux de*)
Pains à cacheter.
Palan.
Papiers.
— peints.
Parachute.
Parchemin.
Peintre.
Peinture.
Pendule.
Percale.
Percaline.
Perle.
Photographie.
Photosculpture.
Picadit.
Pince.
Placage.
Plaqué.
Plâtre.
Plomberie.
Plumassier.
Plumes.
Poncer.
Porcelaine,
Poterie.
Poudre
Presse.
Quincaillerie.
Rabot.
Raboter.
Raffinage.
Rasoirs.
Râteau.
Ratinage
Recuit (*verrerie*).
Réfractaire.
Règle à calculer.
Régulateur.
Réimpression.
Relieur.
Repiquage des meules.

Ressort.
Rhabillage des meules.
Rideau.
River.
Robinet.
Rodage.
Rondelle.
Rouage.
Roue.
Rouet.
Rouissage.
Ruban.
Rubis.
Sabot.
Satinage.
Saunier.
Scellement.
Scie.
Scieries mécaniques.
Sculpteur.
Sculpture.
Sellier.
Serge.
Serrure.
Serrurerie.
Sertir.
Soie.
Soudure.
Soufflage.
Soupape.
Spatule.
Stéréotypie.
Tabletier.
Taillandier.
Tannerie.
Tannin.
Tapis.
Tapisserie.
Tarare.
Tarière.
Teillage.
Teinture.
Télégraphie.
Tenaille.
Tenture.

Tiroir.
Tissage.
Toile.
    — à calquer.
Tombereau.
Tondage.
Tonnelier.
Tourillon.
Tourneur.
Tracer.
Tréfilerie.
Treillis.
Trémie.
Tripoli.
Tuiles.
Tulle.
Typographie.

Usine.
Utinet.
Valet.
Vannier.
Varlope.
Velours.
Ventilation.
Verdet.
Vernis.
Verrerie.
Vide.
Volant.
Volume.
Vrille.
Xylographe.
Y grec.

XII. *Art militaire, marine, mathématiques, astronomie :*
Navigation maritime et fluviale, architecture navale,
digues et canaux, etc.

Abaque.
Affût.
Armes.
Artillerie.
Bac.
Balance.
Balles.
Baromètre.
Bascule.
Bateau.
Bouche à feu.
Boulet.
Bouée.
Boulet.
Boussole.
Câble.
Canon.
Chaudière.
Drague.
Dynamite.
Écluse.
Feux d'artifice.

Fusil.
Gabarit.
Géodésie.
Girandole.
Gisement.
Glu marine.
Gnomonique.
Gouvernail.
Graphique.
Graphomètre.
Gréement.
Gueuse.
Hectare.
Hecto.
Hélices.
Hélices propulsives.
Horizon.
Horloge astronomique.
Hydrographe.
Hydromètre.
Hygromètre.
Interpolation.

— XXVIII —

Jalon.
Jetée.
Jusant.
Lamanage.
Latitude.
Lé.
Loch.
Logarithmes.
Longitudes.
Longueurs.
Loup de mer.
Lune.
Machines à calculer.
Maistrance.
Marais salants.
Marée.
Marin.
Marine.
    — militaire.
    — marchande.
Mascaret.
Microscope.
Môle (*brise-lames*).
Mouillage.
Moule à balles.
Musoir.
Navire.
Nœud.
Nuage.
Observatoire.
Palan.
Parallèle.
Pêche.
Perle.
Phare.
Pieu.
Pilotage.
Planimétrie.
Poudre.

Prisme.
Pyrotechnie.
Rade.
Radeau.
Radoub.
Ras de marée.
Receper.
Réduction.
Refus.
Remorquage.
Rose (*des vents*).
Romaine.
Rotation.
Saisons.
Sas.
Sauvetage.
Scintillation.
Sémaphore.
Septentrion.
Signal.
Sillage.
Soleil.
Solides.
Soles.
Solution.
Sonde.
Sonnettes.
Soufflage.
Timonier.
Tirant d'eau.
Touage.
Trigonométrie.
Udomètre.
Vaisseau.
Vent.
Solides.
Yacht.
Yole.
Zénith.

XIII. *Chimie et physique industrielle, électricité : Produits chimiques, distillation, saccharification, etc.*

Acides.
Acoustique.

Aération.
Aimant.

Alambic.
Albumine.
Alcalis.
Alcalimètre.
Alcool.
Alcoolats.
Alcoomètre.
Alliage.
Allumettes.
Aluminium.
Alun.
Amalgame.
Amidon.
Ammoniaque.
Analyse.
Antimoine.
Aréomètre.
Argenture.
Azote.
Azotique. *(acide)*
Balance.
Bandoline.
Barium.
Baromètre.
Base.
Bâtons aromatiques russes.
Benjoin.
Benzine.
Betterave.
Bicarbonate.
Bismuth.
Blancs
Blanchissage.
Bleu.
Borax.
Bore.
Bougie.
Boussole.
Bouteille de Leyde.
Brésil *(bois du)*.
Brome.
Burette.
Calorie.
Carbonates.
Carbone.

Carbonique.
Carmin.
Chaleur.
Chalumeau.
Chaux.
Chlore.
Chrome.
Citrique.
Cochenille.
Cognac.
Coloration.
Combustion.
Cornue.
Cucurbite.
Cuivre *(galvanisation du)*.
Décantation.
Décoloration.
Densimètre.
Densité.
Dentrifice. *(eau)*
Dextrine.
Diastase.
Dilatation.
Dissolution.
Distillation.
Dorure.
Eau-de-vie.
Ébullition.
Éclairage.
Électricité.
Élixir.
Éprouvette.
Éther.
Évaporation.
Ferment.
Fermentation.
Feux d'artifice.
Filtration.
Fourneau.
Fulminate.
Gallique *(acide)*.
Gaz *(dérivés du)*.
Gelée végétale.
Glucose.
Gluten.

Glycérine.
Goudrons de houille.
Graisse.
Gros-bleu.
Houblon.
Huiles.
Hydrate.
Hydrocarbures.
Hydromel vineux.
Hydroplastie.
Hygromètre.
Ignition.
Imbibition.
Immersion.
Imperméable.
Indigo.
Injection.
Inorganique.
Iode.
Isomérie.
Jonquille.
Kermès.
Kino.
Kirsch-wasser.
Laboratoire.
Lactomètre.
Lait.
Laque.
Leyde (*bouteille de*).
Lentille.
Lie du vin.
Lilas (*extrait de*).
Liqueurs.
Litharge.
Lumière.
Lunette.
Lut.
Macération.
Malt.
Manipulateur.
Marasquin.
Mélisse.
Microscope.
Mordants.
Myrrhe.

Nankin.
Néroli.
Nitre.
Nitrique.
Noir animal.
Oléomètre.
Optique.
Orseille.
Outre-mer (*bleu d'*).
Oxyde.
Oxygène.
Ozone.
Palladium.
Parafine.
Paratonnerre.
Parfum.
Parfumerie.
Pendule.
Pesanteur.
Pèse-liqueur.
Phosphate.
Photographie.
Photosculpture.
Physique.
Pin maritime.
Pluie.
Plumassier.
Pneumatique.
Pompes.
Potasse.
Poudre.
Poudres parfumées.
Précipité.
Pression.
Prisme.
Prussique (*acide*).
Pulvérisation.
Pyrotechnie.
Quercitron.
Raffinage.
Raréfaction.
Rayon.
Réactifs.
Réaction.
Récipient.

Rectification. — Soude.
Réduction. — Soufre.
Réflecteur. — Stéarine.
Réflexion. — Sublimé.
Réfraction. — Sucre.
Réfrigérant. — Suif.
Régule. — Sulfates.
Répulsion. — Sulfures métalliques.
Résine. — Sumac.
Robinier. — Tannin.
Rocou. — Tartrates.
Roue. — Teinture.
Rouille. — Télégraphie.
Saccharimètre. — Térébenthine.
Sachets. — Thermomètre.
Safran. — Thermoscope.
Salpêtre. — Tournesol.
Saponification. — Ulmine.
Savon. — Urée.
Sédiment. — Vaisseau.
Sel. — Vapeur.
Serpentin. — Vermillon.
Siccatif. — Vernis.
Silicate. — Vide.
Silicatiser. — Vinaigre.
Solide. — Vins.
Solution. — Vulnéraire.

XIV. Commerce : connaissances pratiques, technologie générale, renseignements usuels et domestiques, etc.

Adulaire (*joaillier*) — Chêne-liège.
Aérostat. — Cochenille.
Agate. — Colle.
Aigue marine. — Comptabilité.
Air. — Coton.
Albàtre. — Daline (*amidon*).
Algue. — Dalberge.
Appartements. — Datte.
Balance. — Décoloration.
Ballon. — Décortication
Baratte. — Dégras.
Bascule. — Diachylon.
Capacité (*mesures de*). — Diapason.

Diaphragme.
Diorama.
Drawbach.
Ébène (*bois d'*).
Eclairage.
Écume de mer.
Éponge.
Fard.
Fiel. (*de bœuf*).
Fil.
Filtration.
Fleurs.
Fourrures.
Fromages.
Gelée.
Gelée blanche.
Genévrier.
Géodésie.
Géographie.
Géologie.
Géométrie.
Glaces (*nettoyage des*).
Glaciers.
Glu.
Gnomonique.
Goëmon.
Gomme.
Goutte (*traitem. de la*).
Graissage.
Graisse.
Gramme.
Grattoir.
Graveur.
Gravure.
Grêle.
Grenade.
Griffe (*t. de comm.*).
Gymnastique.
Habitation.
Haie.
Hameçon.
Harmoniflûte.
Harmonium.
Hectare.
Hecto.
Herbier.
Horizontal.

Houblon.
Huiles.
Humectage.
Hygiène.
Immeuble.
Imperméable.
Incombustible.
Incubation.
Indigène.
Insecticides (*poudres*).
Instruments en général.
Ivoire.
Jaugeage.
Jeux d'orgues.
Jointure des fourneaux.
Kari.
Kilo.
Koumiss.
Labyrinthe.
Lacet.
Ladanum.
Laie.
Lait.
Lavande.
Lavoir public.
Legs.
Lessivage.
Lessive.
Lettre de voitures.
Levûre.
Libraire-éditeur.
Lichens.
Liqueurs.
Livres.
Lumière.
Machefer.
Maculature.
Manuscrit.
Mastic.
Matériaux.
Médecine.
Mica.
Miel.
Mnémotechnie.
Moisissure.
Monnaie.
Mouches.

Moutarde.
Musc.
Natation.
Neige.
Nettoyage
Nœud.
Nuage.
Oléomètre.
Ongle.
Oranger (*fleur d'*).
Pacage.
Pain.
Palixandre (*palissandre*).
Panacée.
Panne.
Parallèle.
Parchemin.
Parfumerie.
Peau.
Pêche.
Pelleteries.
Percale.
Percaline.
Perle.
Petit-gris.
Petit-lait.
Philologie.
Philosophie.
Physionomie.
Pic.
Pluie.
Plumassier.
Plumes.
Poix.
Poncer.
Poudres parfumées.
Presse.
Quincaillerie.
Rasoirs.
Rats et souris.
Rebouteurs
Réduction.
Règle.
Réimpression.
Réparations locatives.
Répulsion.

Résines.
Rivet.
Robinet.
Romaine.
Rondelle.
Saindoux.
Saisons.
Sandaraque.
Sang-de-dragon.
Santé.
Septentrion.
Serge.
Solides.
Son.
Sophistication.
Soumboul.
Spécimen.
Sténographie.
Stéréotypie.
Tabac.
Tamis.
Tapisserie.
Technologie.
Teinte.
Télégramme.
Terrain.
Thé.
Tilleul.
Tondage.
Tors.
Trajectoire.
Trigonométrie.
Triturer.
Université.
Urine.
Urne.
Usine.
Usufruit.
Varaigne.
Vermeil
Vidange.
Vide.
Voiture.
Volume.
Vrac.

Paris. — Imprimerie et librairie de A. Lacroix, rue des Saints-Pères, 64.

accordé le 17 juillet, même année, pour un métier propre à la confection des coutures dites point de chaînette. Le 8 juin et le 11 juillet 1830, *Thimonnier* s'associe avec plusieurs négociants de Paris pour l'exploitation de son brevet par entreprise de coutures. Bientôt, en 1831, un atelier de quatre-vingts machines, dont il est le directeur, fut établi rue de Sèvres, mais, à cette époque les ouvriers, ne voyant dans les machines que de dangereux concurrents dont ils ne cherchaient qu'à se débarrasser, brisèrent dans un jour d'émeute les appareils à coudre; peu après, en 1832, la mort d'un des associés amena la dissolution de la société et l'inventeur retourna à Amplepuis. Il revient en 1834 à Paris, où il travailla à façon, comme ouvrier tailleur, avec sa machine à coudre, mais, en 1836, à bout de ressources, il retourne à son pays, à pied, sa machine sur le dos et pour vivre en route il la fit fonctionner comme objet de curiosité.

Le dessin ci-contre (fig. 365) montre la première machine de *Thimonnier* qui, quoique laissant à désirer, contenait le principe de la couture mécanique qui devait plus tard

Fig. 365. — Première machine à coudre invention française due à Thimonnier, natif du Lyonnais.

jouer un si grand rôle, elle était construite en bois et mise en mouvement par une pédale, chaque oscillation ne produisait qu'un seul point; cependant, en 1845 elle fait deux cents points à la minute, ainsi que le constate un brevet de perfectionnement.

Description d'une machine à lingerie. — Cette machine est représentée fig. 366. La plaque de travail étant enlevée pour laisser voir les organes; elle est composée d'un bâti plat en fonte et de quelques pièces s'élevant d'équerre à cette table et servant à fixer les articulations; sur un arbre horizontal reposant dans deux coussinets montés sur les paliers 24-24, et auquel on commu-

DICTIONNAIRE INDUSTRIEL

A L'USAGE

DE TOUT LE MONDE

Bulletin de Souscription

Je soussigné (1) _______________________________

____

demeurant _______________ *rue* (2) _______________

déclare souscrire pour (3) _______________ *exemplaires au*

DICTIONNAIRE INDUSTRIEL *publié par M. E. Lacroix, moyennant*

la somme de (3) _______________ *que je joins ici en un*

mandat sur la poste (ou en une valeur sur Paris), pour recevoir

cet ouvrage franco par retour du courrier.

A_______________ *le* _______________ 187

Signature :

(1) Nom, prénoms et profession.
(2) Adresse complète, écrire très-lisiblement.
(3) Nombre d'exemplaire.
(4) Pour Paris, 20 fr. — Province, Alsace-Lorraine et Algérie, 22 fr. — Etranger et
pays d'outre-mer, 25 fr.

Monsieur

Monsieur Eugène LACROIX,

Éditeur des ANNALES DU GÉNIE CIVIL,

54, rue des Saints-Pères,

PARIS

9 782013 620697